全球典型国家电力发展概览

——亚洲篇 II

国家电网有限公司国际合作部
中国电力科学研究院有限公司　组编

·北京·

内 容 提 要

为服务高质量共建“一带一路”，贯彻落实国家“碳达峰，碳中和”重大战略决策，打造“一带一路”建设央企标杆，推动全面建设具有中国特色国际领先的能源互联网企业，《全球典型国家电力发展概览》丛书对全球主要国家的能源资源与电力工业、电力市场概况以及主要电力机构进行了全面的调研梳理和分析。

本书是《全球典型国家电力发展概览》丛书的分册之一——亚洲篇Ⅱ，与亚洲篇Ⅰ共同介绍了22个亚洲国家和地区的电力行业发展情况，包括能源资源与电力工业、主要电力机构、碳减排目标发展概况、储能技术发展概况、电力市场概况。本书采用国内外能源研究相关的权威机构所发布的最新数据，有助于从事能源互联网相关的企业更好地研判全球能源发展趋势。

图书在版编目（CIP）数据

全球典型国家电力发展概览. 亚洲篇. Ⅱ / 国家电网有限公司国际合作部，中国电力科学研究院有限公司组编. -- 北京 : 中国水利水电出版社，2023.12
ISBN 978-7-5226-2069-5

Ⅰ. ①全… Ⅱ. ①国… ②中… Ⅲ. ①电力工业—工业发展—研究—亚洲 Ⅳ. ①F416.2

中国国家版本馆CIP数据核字(2024)第007686号

书 名	**全球典型国家电力发展概览——亚洲篇Ⅱ** QUANQIU DIANXING GUOJIA DIANLI FAZHAN GAILAN ——YAZHOU PIAN Ⅱ
作 者	国家电网有限公司国际合作部 中国电力科学研究院有限公司 组编
出版发行	中国水利水电出版社 （北京市海淀区玉渊潭南路1号D座 100038） 网址：www.waterpub.com.cn E-mail：sales@mwr.gov.cn 电话：（010）68545888（营销中心）
经 售	北京科水图书销售有限公司 电话：（010）68545874、63202643 全国各地新华书店和相关出版物销售网点
排 版	中国水利水电出版社微机排版中心
印 刷	涿州市星河印刷有限公司
规 格	184mm×260mm 16开本 11印张 176千字
版 次	2023年12月第1版 2023年12月第1次印刷
定 价	**78.00**元

凡购买我社图书，如有缺页、倒页、脱页的，本社营销中心负责调换

本 书 编 委 会

主　　编　朱光超

副 主 编　吕世荣　王伟胜

参编人员　李　明　马海洋　张　虎　刘　琪　彭佩佩

陈　宁　王湘艳　汤何美子

前言 *PREFACE*

为服务高质量共建“一带一路”，贯彻落实国家“碳达峰，碳中和”重大战略决策，打造“一带一路”建设央企标杆，推动全面建设具有中国特色国际领先的能源互联网企业，国家电网有限公司国际合作部会同中国电力科学研究院有限公司，对全球主要国家和地区的电力行业发展情况开展了全面系统的调研和分析，编写了《全球典型国家电力发展概览》丛书。丛书分为亚洲篇Ⅰ、亚洲篇Ⅱ、欧洲篇、非洲篇、美洲和大洋洲篇五个分册。

亚洲篇（Ⅰ、Ⅱ）介绍了22个亚洲国家和地区的电力行业发展情况，每个国家和地区的内容共分为六个部分。第一部分为能源资源与电力工业，主要分析各国一次能源资源概况、电力工业概况、电力管理体制和电力调度机制。第二部分为主要电力机构，主要分析介绍了各国主要电力机构的公司概况、历史沿革、组织架构、经营业绩、国际业务和科技创新等情况。第三部分为碳减排目标发展概况，主要分析各国的碳减排目标和政策及其对电力系统的影响。第四部分为储能技术发展概况，主要介绍了各国的储能技术发展现状、主要储能模式及储能项目、储能对碳中和目标的推进情况。第五部分是电力市场概况，

主要分析了各国的电力市场运营模式、电力市场监管模式及电力市场价格机制。第六部分为综合能源服务概况，主要介绍了各国的综合能源服务发展现状和重要典型项目。

《全球典型国家电力发展概览》丛书涉及的信息资料主要来自有关国际组织、各国能源部门及电力公司官方公布的数据和报告等。受信息披露程度及数据更新及时性的限制，丛书内有关信息资料的详略程度和数据更新时间不尽相同，敬请谅解。由于时间和水平有限，本书疏漏与不足之处，恳请批评指正！

编者

2023 年 12 月

目录 CONTENTS

第1章 总 论

1.1 电力基本情况

《全球典型国家电力发展概览　亚洲篇》（Ⅰ、Ⅱ）共涉及22个亚洲国家（按拼音首字母排序），分别为阿联酋、阿曼、巴基斯坦、菲律宾、格鲁吉亚、哈萨克斯坦、韩国、卡塔尔、老挝、蒙古、孟加拉国、缅甸、尼泊尔、日本、沙特阿拉伯、泰国、土耳其、新加坡、以色列、印度、印度尼西亚、越南。亚洲22国发电量见表1-1。

表1-1　亚洲22国发电量　单位：TWh

国别	发电量				
	2018年	2019年	2020年	2021年	2022年
阿联酋	127.9	129.7	126.6	135.6	154.7
阿曼	35.5	36.1	34.3	36.6	37.1
巴基斯坦	139.9	136.0	136.9	150.2	152.2
菲律宾	99.8	106.1	102.5	108.2	112.7
格鲁吉亚	11.9	11.6	11.2	12.6	14.2
哈萨克斯坦	107.3	106.5	108.6	114.4	112.8
韩国	562.3	554.4	551.4	588.5	606.5
卡塔尔	45.2	47.0	44.7	47.5	45.9
老挝	33.7	30.6	39.3	40.0	40.0
蒙古	6.2	6.5	6.7	7.1	7.3
孟加拉国	74.0	79.5	75.7	80.6	85.2
缅甸	22.4	23.7	23.6	22.4	22.4
尼泊尔	5.0	6.3	6.3	6.1	6.1
日本	1012.1	992.3	964.1	958.5	966.7
沙特阿拉伯	334.9	335.5	338.0	356.6	401.6
泰国	182.1	190.6	179.3	186.9	190.9
土耳其	303.9	302.8	305.4	333.4	326.1
新加坡	50.5	51.7	50.9	53.5	54.8
以色列	68.9	71.7	71.6	73.1	71.5
印度	1579.0	1621.9	1562.7	1713.8	1838.0
印度尼西亚	283.8	295.4	291.8	309.4	333.5
越南	209.2	227.4	235.4	244.8	263.3
总计	5295.5	5363.3	5267.0	5579.8	5843.5

22 个亚洲国家总发电量在 2018—2022 年间稳步上升，特别是 2022 年，以印度、韩国、日本、印度尼西亚、阿联酋、越南、沙特阿拉伯为首的主要经济体发电量均实现了明显的增长，带动了亚洲 22 国整体发电量的稳步上升，相较 2021 年总体约上升了 264TWh。

同时可以发现，发电量不平衡也是亚洲 22 国发电端的主要突出特点。以日本、韩国、印度、印度尼西亚为代表的经济活动相对活跃的东亚、东南亚地区（11 国）的发电量占比为 77%，而其他位于中亚、中东地区国家的总发电量占比仅有 23%。

亚洲 22 国各类能源发电量见表 1-2。从电源类型上来看，煤电、天然气发电、水电是亚洲 22 国的主要发电方式，其中煤电排名第一，2022 年发电量为 85207.5TWh；其次为天然气发电，2022 年发电量为 54021.2 TWh；水电则排名第三，共 35826.3TWh。这主要和亚洲各国的资源禀赋有关。煤炭储量较高的东亚、南亚及部分中亚地区多采用煤电，而油气资源较为丰富的中东各国则主要以天然气为发电电源，水资源较多的东南亚地区大部分采用水电作为主要电源。

表 1-2　　亚洲 22 国各类能源发电量　　单位：TWh

发电类型	发电量				
	2018 年	2019 年	2020 年	2021 年	2022 年
煤电	84385.8	81843.3	78027.3	84656.9	85207.5
石油发电	6842.7	6248.1	5910.4	6343.7	5633.9
天然气发电	53050.6	54753.2	54429.0	55723.2	54021.2
水电	35421.4	35753.0	36768.6	35956.6	35826.3
太阳能发电	5232.4	6345.8	7670.7	9352.0	11587.7
风能发电	11684.1	13097.3	14636.2	16763.0	19129.2
生物质能发电	3958.5	4141.3	4307.0	4696.9	3250.7
其他可再生能源发电	619.3	629.1	650.5	656.1	472.1
核电	25143.4	25979.5	24929.2	25903.3	24663.6

此外值得注意的是，太阳能发电、风能发电的发电量从 2018 年开始也有着快速的上升趋势，特别是在碳中和的大背景下，各国均开始大力投入太阳能发电及风能发电的建设。太阳能发电量在 2022 年高达 11587.7TWh，相较 2018 年翻了一番；风能发电在 2018 年为 11684.1 TWh，到了 2022 年为 19129.2TWh，增幅高达 63%，远高于其他能源的增幅，可见风能发电、太阳能发电将是亚洲主要国家未来电力建设的主要趋势。

1.2 碳减排目标

从最新的碳减排目标（表 1-3）上来看，亚洲 22 国的碳减排进程较为缓慢，22 个国家中有 10 个国家未设置碳减排目标，同时仅有 6 个国家设置碳中和目标。当然这也和各国的经济发展水平息息相关，老挝、蒙古、孟加拉国、缅甸等大多数未设置碳减排目标的国家均处于电力尚未普及的发展阶段，设置碳减排目标为时尚早。

表 1-3　　亚洲 22 国碳减排目标

国别	碳减排目标
阿联酋	2050 年实现碳中和
阿曼	无碳减排目标
巴基斯坦	无碳减排目标
菲律宾	可再生能源发电量到 2030 年达到 35%，到 2040 年达到 50%
格鲁吉亚	无碳减排目标
哈萨克斯坦	2030 年相比 1990 年减少 15% 的碳排放
韩国	到 2030 年，温室气体排放量在 2018 年的水平上减少 35% 或更多
卡塔尔	无碳减排目标
老挝	无碳减排目标
蒙古	无碳减排目标
孟加拉国	无碳减排目标
缅甸	无碳减排目标
尼泊尔	清洁能源满足总能源需求的 15%
日本	碳排放较 2013 年削减 46%，并努力向削减 50% 的更高目标去挑战
沙特阿拉伯	2030 年碳达峰、2060 年实现碳中和
泰国	2037 年电力结构的 37% 来自非化石燃料，到 2065-2070 年实现碳中和
土耳其	2053 年实现碳中和
新加坡	2030 年温室气体排放量限制在 6000 万 t，2050 年实现碳中和
以色列	无碳减排目标
印度	2070 年实现碳中和，但无具体措施
印度尼西亚	无碳减排目标
越南	2030 年相比 2022 年碳排放减少 43.5%

亚洲 22 国碳排放情况见表 1-4。2021 年，亚洲 22 国的总碳排放量约为 80.8 亿 t，占全亚洲碳排放量（216 亿 t）的 37%。其中印度、日本、韩国、沙特阿拉伯、印度尼西亚为最主要的碳排放国家，这些国家基本

上都确定了具体的减排政策及碳中和时间点。

表 1-4　　亚洲 22 国碳排放情况　　单位：万 t

国　别	碳　排　放　量			
	2018 年	2019 年	2020 年	2021 年
阿联酋	21022	20850	19908	20409
阿曼	7256	7218	7251	8099
巴基斯坦	20506	20606	21038	22951
菲律宾	14182	14523	13566	14426
格鲁吉亚	1006	1092	1069	1101
哈萨克斯坦	33182	29757	27840	27668
韩国	67017	64610	59763	61608
卡塔尔	9523	10115	9286	9567
老挝	2056	1960	2049	2078
蒙古	4532	4725	4961	5032
孟加拉国	8249	9166	9083	9318
缅甸	3478	3461	3609	3631
尼泊尔	1483	1343	1394	1417
日本	114341	110602	104222	106740
沙特阿拉伯	62619	65648	66119	67238
泰国	28211	29024	27737	27850
土耳其	42257	40172	41343	44620
新加坡	4602	2992	2991	3251
以色列	6026	5865	5501	5453
印度	260045	262646	244501	270968
印度尼西亚	60366	65944	60979	61928
越南	27422	34100	32890	32601
总计	799381	806419	767100	807954

1.3　主要碳减排机制

亚洲各国控制温室气体排放的政策一般分为命令控制型、经济刺激型、劝说鼓励型三类。其中，经济刺激型由于其灵活性好、持续改进性好受到各国青睐，而其中最重要的手段就是通过调节碳定价机制以经济手段来促进碳减排。由于温室气体的排放具有负外部性，因此从环境经济学的角度减少温室气体排放则需要将排放带来的负外部性内部化，从而达到全社会减排效益最大化的结果。负外部性内部化的解决需要依靠政府政策，遵照“谁污染谁付费”的原则，由温室气体排放者为排放一定量的温室气体的权利支付一定费用，这个过程被称为碳定价。碳定价机制的调节以调节碳税和建立碳排放权交易体系为主。这两种行为在减排机理上有本质区别：前者指政府指定碳价，市场决定最终排放水平，故最终排放量的大小具有不确定性；后者指政府确定最终排放水平，由市场来决定碳价，故碳价是不确定的。正是由于这种区别，两种手段具有不同的特点。从应用场景来说，碳税政策更适用于管控小微排放端，碳排放权交易体系则适用于管控排放量较大的企业或行业，因此这两种政策是可以结合使用的，可对覆盖范围、价格机制等起到良好的互补作用。碳税与碳排放权交易体系的特点见表 1-5。

表 1–5　碳税与碳排放权交易体系的特点

特点	碳　税	碳排放权交易体系
优点	政策实施成本低； 运行风险相对可控	碳排放结果确定，减排效率更高； 政策实施阻力较小； 减少碳泄漏； 可与其他碳交易体系或碳抵消机制相互作用，实现国家和地区之间的成本均等化
缺点	减排效率较低，政策实施阻力相对较高； 政策灵活性较差	政策实施成本高； 对于市场成熟度及政府管理能力有较高要求

根据世界银行《碳定价现状与趋势》的报告，截至 2022 年，共计 97 个《巴黎协定》缔约方的国家自主贡献中提到了碳定价机制，同时全球共实施或计划实施 61 项碳定价政策。其中碳排放权交易政策有 31 个，主要包括欧盟、中国、韩国、美国加州等国家或地区；碳税政策有 30 个，主要位于北欧、日本、加拿大等国家或地区，而亚洲 22 国中，日本、韩国、泰国、越南、印度尼西亚、哈萨克斯坦及土耳其等均在考虑实施或已经实施碳定价机制。2019 年较多司法管辖区扩大了碳定价机制的覆盖范围，包括地区范围、行业范围，另外欧洲对“碳边界”问题的重新提及，导致未来各国碳排放密集型产品在贸易中很可能被征收碳关税，因此越来越多国家甚至企业均在考虑采取碳定价机制来降低由此带来的风险。

在亚洲国家中，目前仅韩国启动了全国统一的碳交易市场，已经成为全球第二大国家级的碳交易市场。以韩国为例，韩国碳交易市场已走过两个发展阶段，当前处于第三阶段。韩国碳交易市场第三阶段的主要变化在于：

（1）配额分配方式发生变化，拍卖比例从第二阶段的 3% 提高到

10%，同时标杆法的覆盖行业范围有所增加。

（2）在第二阶段实施的做市商制度基础上，进一步允许金融机构参与抵消机制市场的碳交易，试图进一步扩大碳交易市场的流动性，同时也将期货等衍生产品引入碳交易市场。

（3）行业范围上扩大到国内大型交通运输企业。

（4）允许控排企业通过抵消机制抵扣的碳排放上限从 10% 降低到 5%。

1.4 储能系统发展特点

亚洲地区地域辽阔，内部各区域特点各异，东亚、南亚季风型气候明显，风电出力的季节性波动较大，因此需要配置较多长期储能。西亚、中亚光伏装机占比高，且外送电力流较大，对短期储能需求较高；东南亚水电资源丰富，调节能力充足，对储能需求较少。

本书涉及的各个国家均具备不同的储能特点。以日本、新加坡、韩国这类经济较为发达的国家为例，其储能建设主要为其进行更大规模的可再生能源建设做准备，其储能站建设的主要目的为平滑可再生能源的波动曲线。而对于印度尼西亚、菲律宾这类地理分割较为明显的国家来说，储能更多的则是一个低成本实现偏远地区能源供应的方式之一。同样，对于缅甸、老挝、孟加拉国这些不发达国家来说，储能的意义更多的在于通过分布式能源来实现快速的电力普及。

针对不同的用途，其监管也不尽相同。日本、新加坡、韩国这类有着完善可再生能源的国家已经针对储能建立了一套较为完善的管理、发展维护机制，而针对相对不发达和欠发达的国家来说，其储能项目更多的还是由民间资本或者外国资本来进行推进，缺乏监管和长效的发展机制。

1. 日本

日本是最大的储能系统制造国之一，拥有强大的本地制造能力。该国也正在成为企业开发可再生能源的重点目标，因此未来可能会吸引储能系统开发项目。储能系统可能有助于避免这些新能源发电项目在未来发生弃电。但是，目前制造的独立储能系统项目的成本过于高昂。此外，与可再生能源不同，储能系统的电能输出不在强制购买要求范围内。日本北海道电力公司（Hokkaido Electric Power Co.）要求按其特许权建立的所有可再生能源发电厂通过电网侧储能系统连接至电网。该公司严格要求这些发电厂调稳输电。这些要求将加速储能系统在日本的发展，可能还会影响亚太地区电网运营商未来管理可再生能源供应商的方式。

2. 新加坡

新加坡允许储能系统参与电力批发市场，根据需要提供可靠的容量和能源，以解决可再生能源间歇供电问题。随着辅助服务得到协同优化，所有者一般需要为发电和电力调整储备部分一起报价。为加入市场，所有者必须成为市场参与者（MP），并拥有批发商许可（如果系统铭牌上的额定值为 1~10MW）或发电许可证（如果额定值超过 10 MW）。间歇供电定价机制（IPM）会因供需失衡对可再生能源项目进行处罚，这是储能系统得以采用的潜在驱动因素。能源市场局越来越重视储能系统，并通过政策文件和试点项目了解部署的可行性。

3. 韩国

韩国在电网连接储能系统领域建立了较大的目标。其目标是，到 2034 年，可再生能源发电将在发电量中占 42%，这表明巨大的储能系统装机容量将用于管理间歇供电、维持电网稳定性，同时参与需求响应市场。该国也在讨论通过从市场采购的辅助服务转向实时市场，这将给储能系统带来新的参与途径。韩国是重要的储能系统制造国。当地制造商和政府正在投资耐火系统的研究和研发，以免未来出现问题。

4. 泰国

目前，泰国的储能项目正处于极早期阶段，国有单位泰国电力局 (EGAT) 已推出试点计划。私营部门在该领域的活跃度很低。该国的第一份私营部门方案旨在整合公用事业规模风力发电 (10 MW) 与储能系统 (1.88 MWh)，由泰国可再生能源公司 BCPG 附属机构洛里格公司（Lom Ligor）主导，由亚洲发展银行 (ADB) 提供支持。第二份储能方案由专注于太阳能的泰国可再生能源公司 Blue Solar 发起，该公司已经部署了 42 MW DC 太阳能与 12 MW/54 MWh 储能系统混合系统。按照与省级电力公用事业部门（PEA）的合同，第三方开发商正在安装一些独立储能系统，用来支持电网受限的地区。

5. 越南

越南的目标是，到 2030 年，将有超过 32% 的发电量来自太阳能

（19~20GW）、风能（18~19GW）和生物质能，相比之下，2019 年的份额大约为 10%。太阳能和风能供电的上网电价已于 2020 年修改，但储能系统依然缺少激励措施。越南的可再生能源项目正面临弃电问题，同时该国未来预计又会出现电力短缺，因此，政策 / 监管环境可能会改变，以便在未来几年支持储能系统。

第2章 缅甸

2.1 能源资源与电力工业

2.1.1 一次能源资源概况

缅甸的矿产资源主要有锡、钨、锌、铝、锑、锰、金、银等，宝石和玉石在世界上享有盛誉。截至2020年，缅甸出口包括玉石在内的矿产品达20亿美元。缅甸石油和天然气在内陆及沿海均有较大蕴藏量。天然气是缅甸最重要的自然资源之一，截至2020年，天然气探明储量1万亿m^3，共有陆地及近海油气区块75个。另外，缅甸还有部分煤炭及石油储量，煤炭储量4.9亿t，石油储量22.73亿桶。缅甸水力资源丰富，伊洛瓦底江、钦敦江、萨尔温江、锡唐江四大水系纵贯南北，水力资源占东盟国家水力资源总量的40%，但由于缺少水利设施，尚未得到充分利用。

2.1.2 电力工业概况

2.1.2.1 发电装机容量

截至2020年12月31日，缅甸现有发电装机容量5642MW，其中水电装机容量3255MW，石油/天然气发电装机容量2175MW，电力供应覆盖434万个家庭，全国通电率为42%。截至2019年年中，缅甸共有水电、燃气和燃煤发电厂57座，水电装机占比为57.7%，天然气占比为36.6%。为保障电力安全，缅甸于2014年制定了《国家电力发展规划》（*The National Electricity Master Plan*）。按照该规划，到2030年，缅甸电力总装机容量将达到28784MW，实现全民通电。缅甸电力基本情况见表2-1。

表2-1　　缅甸电力基本情况

项　目	数　据
装机容量/MW	5642
输电线路电压等级	230kV、132kV
配电线路电压等级	66kV、33kV、11kV、6.6kV、400V
用户数/万户	434
能源消耗/GWh	17116
功率损耗	总损耗20%，其中输电损耗4.5%，配电损耗15.5%
人均消费/（kWh/年）	333
通电率/%	42

从历史装机容量来看，缅甸大力发展水电。2012年，缅甸水电装机容量仅为2008MW，是2020年水电装机容量的62%。这几年总装机容量实现了大幅增长，2020年全国总装机容量为5640MW，相比2012年增长2140MW。缅甸近年发电装机容量见图2-1。

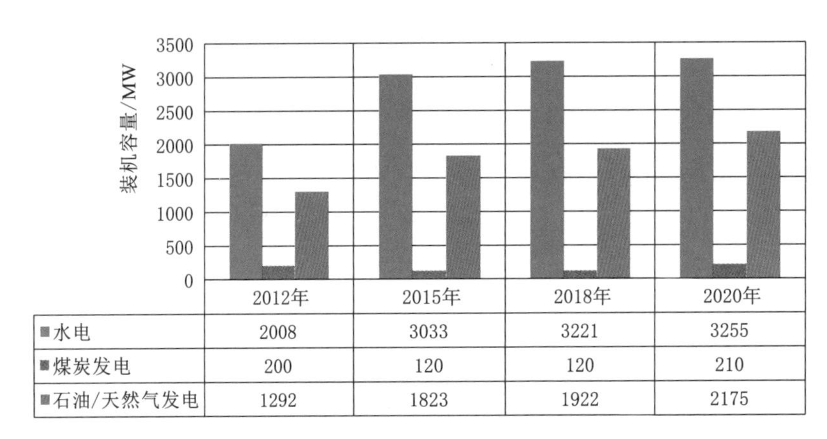

图2-1　缅甸近年发电装机容量

2.1.2.2　电力消费情况

缅甸共有三大电力消费部门，分别为居民用电、工业用电以及商业用电，其中居民用电包含农业用电及各类公共设施用电。据统计，缅甸2020年全年电力消费量共17116GWh，其中绝大多数为居民用电，共12837GWh，占总电力消费量的75%；工业用电总消费量为3423.2GWh，占全国电力消费量的20%；商业用电855.8GWh，占比5%。缅甸2020年用电量构成见图2-2。

2.1.2.3　发电量及构成

据统计，截至2018年12月31日，缅甸全年发电量约21TWh，是

2014 年的 1.72 倍。从日均发电量上来看，截至 2019 年 6 月，缅甸日均发电量 62.67GWh，相较 2018 年增长 5.07GWh，与 2017 年相比增加 13.72GWh。缅甸 2014—2019 年日均发电量见图 2-3。

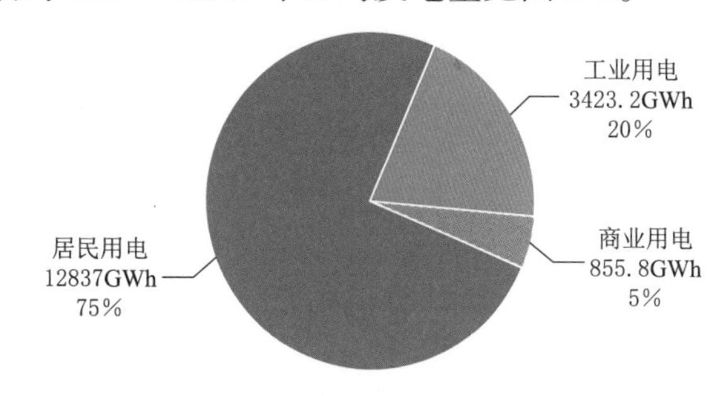

图 2-2 缅甸 2020 年用电量构成

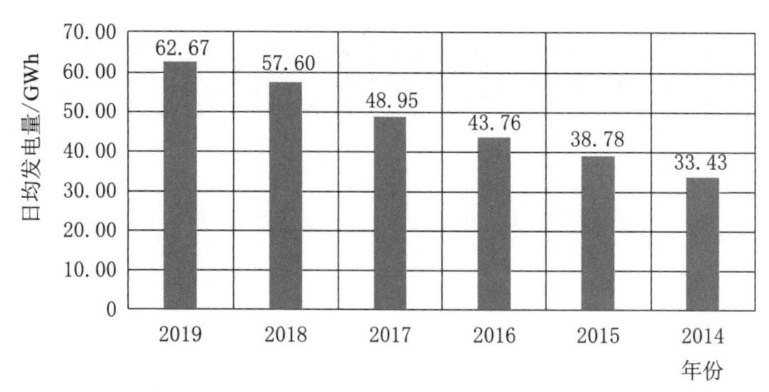

图 2-3 缅甸 2014—2019 年日均发电量

2.1.2.4 电网结构

缅甸目前采取全国电网统一管理的模式，不设区域电网。缅甸全国共有 4 个电压等级的输电线路，分别为 230kV、132kV、66kV 以及 33kV。

截至 2018 年，缅甸全国电网长度为 10024km，其中 230kV 线路共 4789km，占比 47.8%；132kV 线路共 2126km，占比 21.2%；66kV 线路共 2974km，占比 29.7%；33kV 线路 135km，占比 1.3%。缅甸全国电网长度及各电压等级输电线路占比见图 2-4。

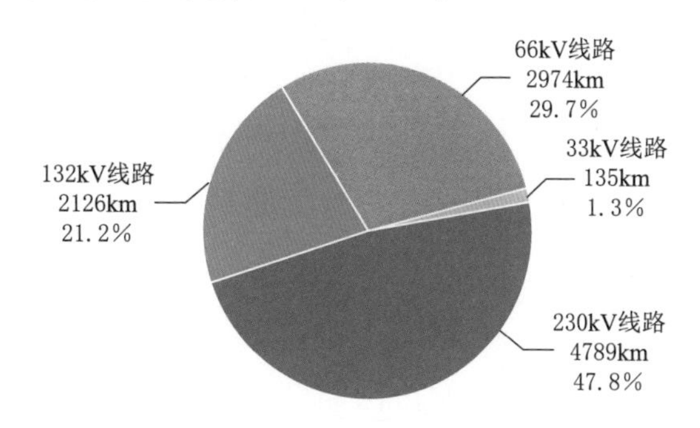

图 2-4 缅甸全国电网长度及各电压等级输电线路占比

2.1.3 电力管理体制

缅甸电力管理的法律基础框架主要基于1948年的《电力法》，并于1984年进行了部分修改。目前，缅甸允许海外主体对本国电力系统进行投资，但缅甸政府必须对项目进行控股。缅甸电力监管结构见图2-5。

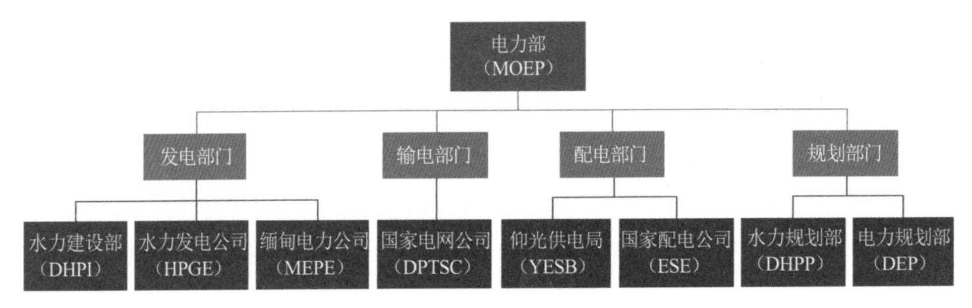

图2-5 缅甸电力监管结构

缅甸的电力最高管理机构为电力部（Ministry of Electric Power, MOEP），下辖8个部门，分别如下：

（1）水力规划部（DHPP）：负责国内水力建设规划、选址、外国投资合作等。

（2）水力建设部（DHPI）：负责国内水电站建设、设计等。

（3）水力发电公司（HPGE）：负责国内水电站的运营、维护、发电等。

（4）缅甸电力公司（MEPE）：负责国内非水电站的运营、维护、发电。

（5）国家电网公司（DPTSC）：负责国内电网维护、运营、调度等工作。

（6）电力规划部（DEP）：负责国内除水电站外其他电站的建设规划、选址、投资合作等。

（7）仰光供电局（YESB）：负责仰光本地的配电工作。

（8）国家配电公司（ESE）：负责除仰光外其他地区的配电工作。

2.1.4 电力调度机制

缅甸采取全国统一调度机制，国家电网公司（DPTSC）负责缅甸国内所有输电线路的建设、运营、维护、投资洽谈等工作，同时还承担了国内电力调度的任务。主要职责包括但不限于下列事项：

（1）监督输电线路和变电站项目的建设。

（2）起草输电线路和变电站项目建设的工作规范和质量标准。

（3）评估输电线路和变电站建设带来的环境影响。

（4）对输电线路和变电站建设进行规划。

（5）研究未来国家输电线路发展趋势。

（6）研究并参与全球最新变电站和输电线路技术研讨会。

（7）提供稳定可靠的输电服务。

（8）确定国家电网建设所需的建设标准、流程、技术规范等。

（9）电力系统数据汇编。

（10）变电站及输电线的紧急和定期维护。

（11）输电线路和设备的采购。

2.2 主要电力机构

2.2.1 缅甸国家电网公司

2.2.1.1 公司概况

缅甸国家电网公司（DPTSC）是缅甸唯一的电网建设及输电公司，负责缅甸国内的电网建设和输电网络的维护、运营，同时也是缅甸的电力监管部门之一。

2.2.1.2 历史沿革

缅甸国家电网公司是电力部（MOEP）的直属企业，电力部的前身为电力供应委员会（ESB），成立于1951年10月。

1975年缅甸电力供应委员会（ESB）改制，拆分为缅甸电力委员会（EPC）以及电力部（MOEP）。

1989年，缅甸电力公司改制，进一步拆分为现今的水电、火电分开监管的体制。

缅甸国家电网公司成立于2012年，电力部（MOEP）进行拆分与重组后，该公司成立，专门负责国家电网的运营、维护等事宜。

2.2.1.3 组织架构

缅甸国家电网公司下设电网建设与电网运营维护两大业务部门，其中电网建设又分为南部电网建设办公室和北部电网建设办公室。变电站建设和输电线运营维护归电网运营维护部门负责。缅甸国家电网公司组织架构见图2-6。

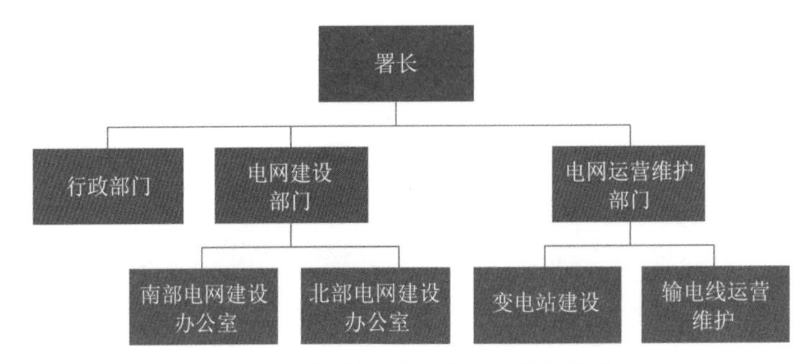

图2-6 缅甸国家电网公司组织架构

2.2.1.4 业务情况

电网建设运营业务是缅甸国家电网公司最主要的业务，公司负责运营、维护缅甸全国的电网及变电站。共运营有245条约10000km输电线路，架设4.6万座输电塔以及62座变电站。

2.3 碳减排目标发展概况

2.3.1 碳减排目标

缅甸目前暂时没有设置具体的减排目标。仅在缅甸《气候变化总体规划》中提出了要在2030年前建设低碳社会，但未设置具体的减排和碳中和目标以及相关措施。

2.3.2 碳减排政策

目前，缅甸的碳减排政策虽然已经有了大致框架，但是框架下的具体实施办法、相关细则、具体扶持和补贴政策尚未明朗。

《2018—2030缅甸气候变化政策、策略以及总体规划》是缅甸碳减排政策的最主要法律依据。缅甸计划在2030年之前，通过低碳环保的发展成为可适应气候变化的国家。缅甸将着眼于以下6个方面：实现气候智能型农业、渔业及牧业，以保障粮食安全；对自然资源实施可持续管理，以实现健康生态；建立有复原力且低碳的能源、交通和工业系统，以实现可持续发展；建设有复原能力、有包容性且可持续发展的城市和乡镇，让人们得以在其中生活发展；实施气候风险管理，以保障人们的健康及幸福；发展教育及科学技术，以建立适应性强的社会。在缅甸实施低碳发展的过程中着重关注林业和能源两大领域。在林业领域，缅甸确保总领土面积的30%为保留林和公共保护森林，10%为保护区系统；在能源领域，将关注水力发电、农村电气化、工业节能以及高效厨灶。为此，缅甸工业部制定了《国家能效及节能政策——策略及路线图》，要求到2030年之前能源使用量减少20%，到2025年之前减少16%。在清洁能源发电方面，缅甸政府还计划到2030年能源结构中将有9%的可再生能源和38%的水力发电。

2.4 储能技术发展概况

缅甸在国家层面暂无相关的储能政策。国家还在建设完备的电网，储能设施也主要以建设在旅游景点、酒店等零散用电区域的柴油储能设施为主，暂无在新能源发展大背景下建设的大型储能设备或者项目。

目前缅甸的储能设备主要以私人投资的小型项目为主，主要服务于当地旅游景点、酒店、工厂等，几乎都为离网发电设备。例如我国企业沃太能源股份有限公司在缅甸建设的2.4MW/8.1MWh微网项目集成了光伏、柴油储能设备。

2.5 电力市场概况

2.5.1 电力市场运营模式

2.5.1.1 市场构成

目前缅甸的电力工业还处于起步阶段，电力市场并不完善。据统计，2018年缅甸全国电力覆盖率仅有26%，最大的城市仰光的电力覆盖率仅为90%，农村地区仅为30%。缅甸主要是由政府或者政府控股的公司来控制发电、输电、配电各环节，并通过补贴的方式来确保企业运行。

2.5.1.2 结算模式

缅甸目前仅两类电价，包括地方电价和工业电价，每类电价实行阶梯收费。地方电价包括居民用电、一般用电、街道照明、公共服务单位用电等。工业电价包括小型工业用电、大型工业用电、商业用电等。

2.5.2　电力市场监管模式

缅甸实行监管与运营一体化的监管制度，缅甸国家配电公司（ESE）和仰光供电局（YESB）负责国内的配电、售电以及电力监管。监管单位也是被监管对象。

2.5.3　电力市场价格机制

缅甸是全球电价最低的国家之一。对于地方电价来说，100kWh以下仅35缅元/kWh（约合0.0168美元/kWh，1缅元=0.0005美元），101~200kWh挡位仅40缅元/kWh（约合0.0192美元/kWh），而200kWh以上挡仅50缅元/kWh（约合0.024美元/kWh），平均电价约45缅元/kWh（约合0.0216美元/kWh）。如此低的电价主要得益于国家的大幅补贴。据统计，缅甸的平均发电成本在109缅元/kWh，由此计算，针对地方电价来说，每千瓦时电价的补贴在59~74缅元之间，是电价的2~3倍。2018年缅甸电价见表2-2。

表2-2　　　　　　2018年缅甸电价表

电价类型	电价挡位/kWh	电价/（缅元/kWh）
地方电价	1~100	35
	101~200	40
	>200	50
工业电价	1~500	75
	501~10000	100
	10001~50000	125
	50001~200000	150
	200001~300000	125
	>300000	100

第3章 尼泊尔

3.1 能源资源与电力工业

3.1.1 一次能源资源概况

尼泊尔地处内陆高原地区，一次能源储量极少。据统计，尼泊尔没有石油和天然气储量，煤炭的探明储量仅 800 万 t。

3.1.2 电力工业概况

3.1.2.1 发电装机容量

尼泊尔电力局统计，截至 2020 年，尼泊尔全国电力装机容量为 626.7MW，共有 22 座发电站，其中水电站 20 座，柴油电站 2 座，大部分都竣工于 1998—2008 年间，在这期间，尼泊尔的全国装机容量由 292.65MW 提升至 671.15MW。

3.1.2.2 电力消费情况

尼泊尔主要分为居民用电、商业用电、工业用电以及公共事业用电。据尼泊尔电力局统计，2020 年，尼泊尔全年用电量为 7277.147GWh，其中居民用电 3133.098GWh，占比 43%；工业用电共 2815.501GWh，占比为 39%；商业用电共 510.892GWh，占比 7%；公共事业用电 817.656GWh，占比 11%。据了解，尼泊尔只有 65% 家庭通电，首都加德满都也要分区轮流停电，部分农村地区一天断电 16h。尼泊尔 2020 年全国用电结构见图 3-1。

3.1.2.3 发电量及构成

2020 年，尼泊尔全国发电量仅为 2800.883GWh，电力需求缺口极大，全国 3013.8GWh 电力依靠印度进口，远超出本国的总发电量。尼泊尔 2012—2018 年发电量见图 3-2。

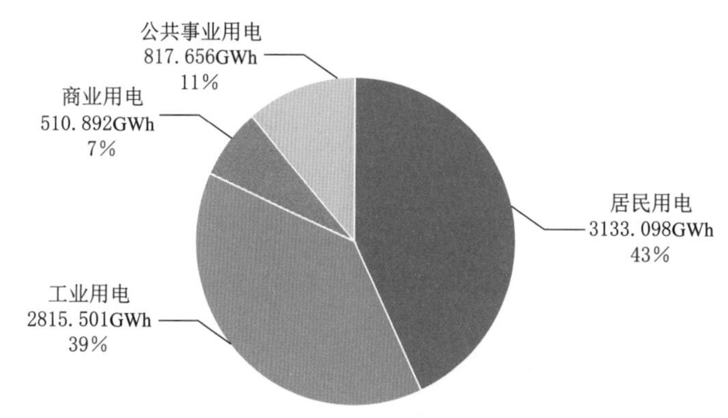

图 3-1　尼泊尔 2020 年全国用电结构

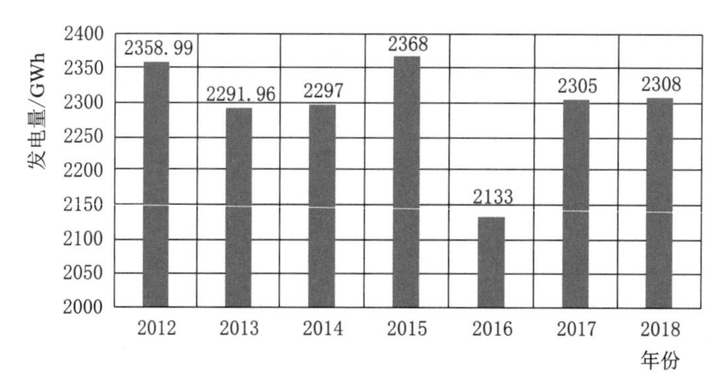

图 3-2　尼泊尔 2012—2018 年发电量

3.1.2.4　电网结构

尼泊尔国土面积较小，全国采用统一电网，不设区域电网。尼泊尔电网共 4 个电压等级，分别为 400kV、220kV、132kV 以及 66kV。尼泊尔全国电网长度及各电压等级线路占比见图 3-3。

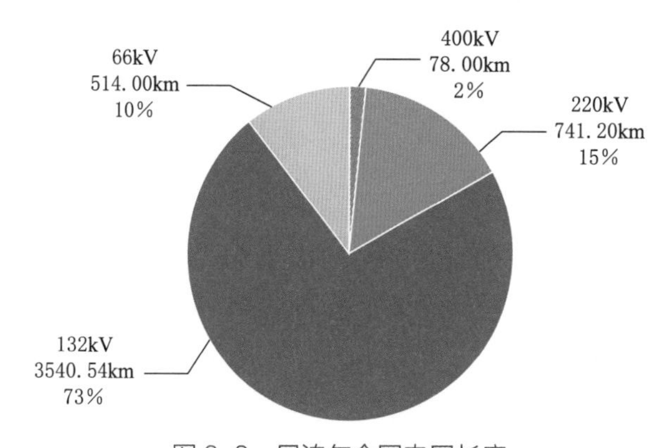

图 3-3　尼泊尔全国电网长度

据统计，截至 2020 年，尼泊尔全国电网长度 4873.74km，其中 132kV 占绝大多数，共 3540.54km，占比为 73%；其次为 220kV 电网，总长度 741.20km，占比 15%；400kV 电网则最短，仅 78.00km。

尼泊尔电网多数建成于20世纪，因此电网老化问题十分严重。根据尼泊尔电力局的最新统计，尼泊尔电网的损失率在20.45%左右，这意味着生产的1/5电力无法输送到终端用户。

3.1.3 电力管理体制

3.1.3.1 机构设置

尼泊尔的电力监管机构职能较为分散，主要有电力及电费监管局（ETFC）、水资源及电力秘书处（WECS）、电力能源研究所（EEMR）以及尼泊尔电力局（NEA）。尼泊尔电力监管机构设置见图3-4。

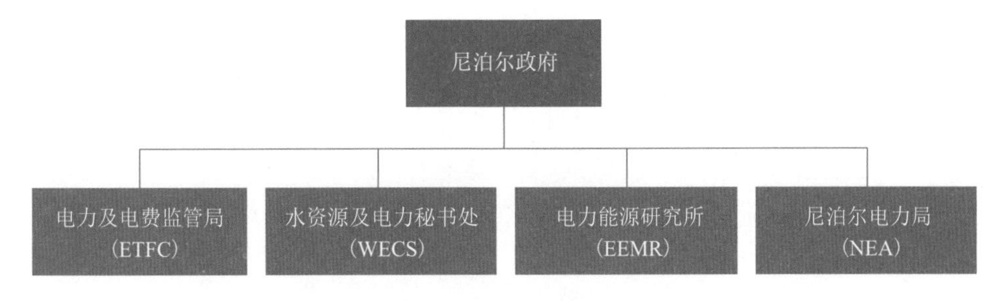

图3-4 尼泊尔电力监管机构设置

3.1.3.2 职能分工

（1）电力及电费监管局（ETFC）。尼泊尔国内主要的电力监管机构，负责协调电费、制定相关法规等。

（2）水资源及电力秘书处（WECS）。负责电力负荷预测、水电站建设评估、水资源保护等工作。

（3）电力能源研究所（EEMR）。负责电力能源技术的研究，参与国际电力相关研讨会。

（4）尼泊尔电力局（NEA）。尼泊尔电力局是尼泊尔国内唯一的电力机构，由尼泊尔政府所有，为非盈利机构，负责发电、输电、配电、售电等各个环节的相关业务。

3.1.4 电力调度机制

尼泊尔采取全国统一调度机制，不设地区电网。尼泊尔电力局（NEA）是尼泊尔国内唯一的电力调度机构，同时也负责管理尼泊尔国内所有的输电线路。

3.2 主要电力机构

3.2.1 尼泊尔电力局

3.2.1.1 公司概况

1. 总体情况

尼泊尔电力局成立于1985年8月16日，是尼泊尔政府监督下的国内唯一的发电、输电、配电以及售电机构。

2. 经营业绩

尼泊尔电力局2020年全年总收入为767.26亿尼泊尔卢布，约合6.60亿美元，较2019年增长0.85%。尼泊尔电力局近年来实现了业绩的大幅增长，2020年收入是2016年的1.56倍。尼泊尔电力局2016—2020年经营业绩见图3-5。

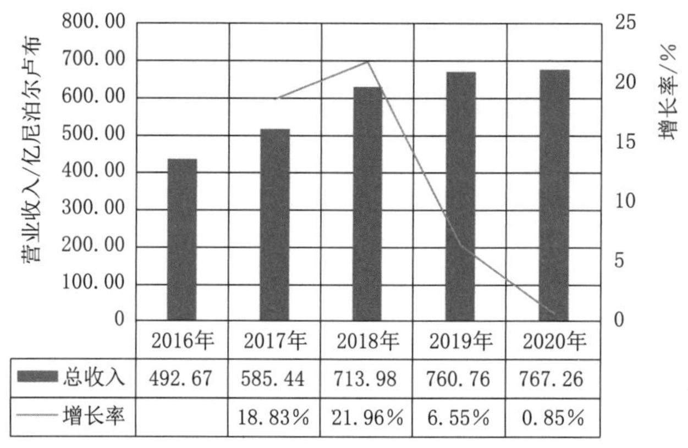

图3-5 尼泊尔电力局2016—2020年经营业绩

3.2.1.2 历史沿革

尼泊尔电力局成立于1985年，由尼泊尔水利局和尼泊尔电力公司整合而成，当时尼泊尔国内还没有成体系的电力系统，电力覆盖率不到10%，成立电力局的目的在于解决电力短缺的问题。

3.2.1.3 组织架构

尼泊尔电力局下设六大业务部门，以及两个独立部门。详细组织架构见图3-6。

两个独立部门分别为内审部门和电力秘书处，内审部门成员主要来自于尼泊尔政府内部，负责独立于尼泊尔电力局的财务审计；电力秘书处成员同样由政府直接任免，负责尼泊尔电力局经营监管工作，确保经营合法合规。

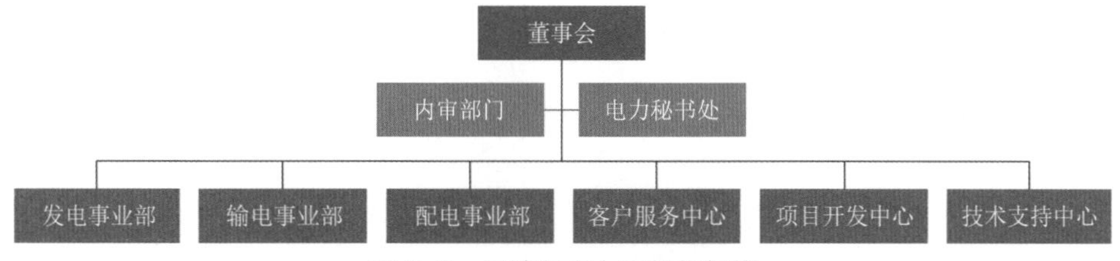

图 3-6　尼泊尔电力局组织架构

除此以外，尼泊尔电力局还设有三大业务部门和三大中心，分别为发电事业部、输电事业部、配电事业部、客户服务中心、项目开发中心以及技术支持中心。

3.2.1.4　业务情况

1. 发电业务

尼泊尔电力局共管理 20 座水电站、2 座火电厂，总装机容量为 626.7MW。

2. 输电业务

尼泊尔电力局运营约 50 条输电线路，并于 2019 年完成了 3 条 132kV 电压等级的输电线路和 1 条 220kV 电压等级的输电线路的建设，截至 2019 年年底共有 29 条 66kV、132kV、220kV 和 400kV 电压等级的输电线路正在建设中。

3. 配电业务

尼泊尔电力局负责全国的售配电业务。截至 2020 年，尼泊尔电力局共覆盖仅 452.8411 万户，超过尼泊尔全国人口的一半。尼泊尔 2014—2018 年电力覆盖量见图 3-7。

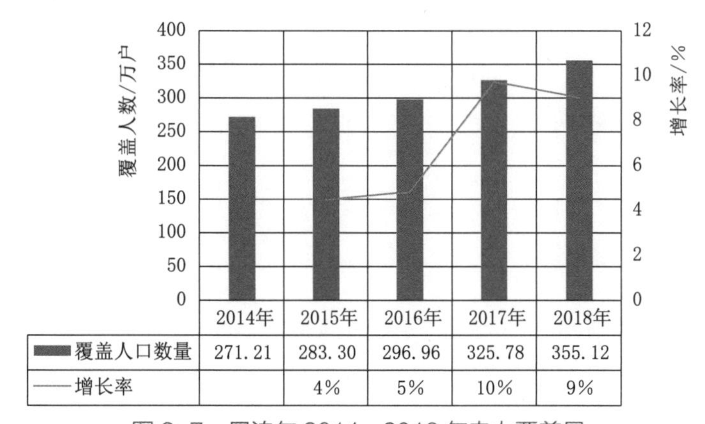

图 3-7　尼泊尔 2014—2018 年电力覆盖量

3.2.1.5　科技创新

目前尼泊尔电力局正在新建 400kV 输电线路，并计划通过采购国外先进设备的模式来提升国内电网的质量，降低损耗率。

3.3 碳减排目标发展概况

3.3.1 碳减排目标

尼泊尔于2020年提出了在2050年实现碳中和的减排目标。

（1）能源。到2030年，将清洁能源发电量增加到15000MW，其中5%~10%来自小型和微型水电厂、太阳能电池板、风能和生物能源，确保清洁能源满足总能源需求的15%。无条件目标为5000MW。

（2）交通。2025年，电动汽车将占所有私人乘用车（包括两轮车）销量的25%和所有四轮公共乘用车（不包括电动人力车和电动三轮车）销量的20%。到2030年，将电动汽车销量增加到所有私人乘用车（包括两轮车）销量的90%，以及所有四轮公共乘用车（不包括电动人力车和电动三轮车）销量的60%。到2030年，发展一个200km的电气轨道网络，以支持公共交通和大宗货物运输。

（3）清洁厨房/住宅厨房。目标是到2025年，主要在农村地区安装50万个改进型炉灶，并新增20万个家庭沼气池和500个大型沼气厂（机构/工业/市政/社区）。到2030年，确保25%的家庭将电炉作为主要烹饪工具。

（4）农林行业。到2030年，该国总面积的45%将被森林覆盖（包括其他林地，森林覆盖率将限制在4%以下）；一半（50%）的特莱和内特莱森林（Terai & Inner-Trai Forest），以及25%的丘陵和山林将得到可持续管理，包括通过使用REDD+资金。

（5）垃圾处理。到2025年，尼泊尔每天将处理3.8亿L废水，并管理60000m^3粪便污泥。与基准政策场景相比，这两项活动将节省约258Gg CO_2当量。

3.3.2 碳减排政策

尼泊尔政府制定了法律和相关的体制机制，以实现《巴黎协定》中商定的长期目标。包括《环境保护法》（2019年）、《国家气候变化政策》（2019年）、《气候韧性规划和预算编制指南》（2019年）、《减少灾害风险和管理法》（2017年）和《应对气候变化条例》（2019期）、《全球环境科学倡议》和《气候变化战略和行动计划》（2019版）、《全国适应行动纲领》（NAPA）、《国家减少森林砍伐和退化所致排放（REDD+）

战略》（2018 年）、部门政策（林业、能源、工业、运输、农业）、第一和第二国家数据中心建设计划、国家信息通报、可持续发展目标战略、尼泊尔能源战略（2013 年）、国家能源效率战略（2018）等，为尼泊尔提高抗灾能力和走低碳发展道路提供了政策指导。

3.3.3 碳减排目标对电力系统的影响

电气化措施将使 2030 年的发电容量需求达到 15.2GW，2050 年达到 52GW；2030 年发电量需求将为 56.2TWh，2050 年将为 189.5TWh。根据一般投资情景，2030 年电力部门所需投资预计为 53.4 亿美元，2040 年为 66.9 亿美元，2050 年为 150.5 亿美元。巨大的发电资本需求超过了国家的能力。在南亚地区，电力生产的无条件资本投资应保持在 GDP 的 4%~6% 的范围内。投资规模需要电力部门的全面投资规划，且应审查和制定财政和部门政策、规则和条例，以吸引国内和国际投资。此外，还需要调查市场参与者从下游电气化和电力贸易中产生含碳收入的可能性，以加强水电和太阳能发电的占比，提高气候变化缓解措施的竞争力。

为实现碳中和尼泊尔清洁能源建设情况见表 3-1。

表 3-1　　为实现碳中和尼泊尔清洁能源建设情况

项　目	2030 年	2040 年	2050 年
发电量 /TWh	56.2	104	189.5
发电容量 /GW	15.2	28.5	52
投资 /10 亿美元	5.34	6.69	15.05

3.3.4 碳减排相关项目推进落地情况

虽然尼泊尔设置了雄心勃勃的碳减排和电力发展计划，但是受制于国内经济、政治环境，这些计划并没有落成，因此尼泊尔目前的碳减排项目绝大部分还处于计划阶段，并没有进行开工建设以及实质性的运营。

3.4 储能技术发展概况

3.4.1 储能技术发展现状

目前尼泊尔的电力主要依靠邻国印度，尚不能实现完全自主发电，因此总体储能技术发展较为落后，国内的储能项目建设基本上都是外国援建项目，国内也缺少系统性的储能规划。

3.4.2 主要储能模式

尼泊尔水资源和太阳能资源丰富，抽水储能和电化学储能是尼泊尔目前主要的储能模式。

3.4.3 主要储能项目情况

尼泊尔目前处于长期缺电的状态，大量电力需要从印度进口。同时考虑到尼泊尔全国范围内用电较为分散的特点，因此尼泊尔政府决定大力发展以微电网为核心的分布式能源系统，而分布式能源系统的核心便是储能。尼泊尔政府也发布了相关的支持政策，包括：所有微电网设备征收 1% 的进口税，第一个 10 年免征所得税，增值税可退税；所有低于 1MW 的电力项目免征版税、免征许可证费用，低于 1MW 的微电网则通过在消费者家中放置对应的智能电表；以优惠的固定费用收取电费。微电网的利用在尼泊尔没有法律限制，微电网项目银行融资利率为 4.5%。

虽然尼泊尔针对微电网的发展做出了相关的政策支持，但并未制定更加直接的针对储能系统的政策。截至 2023 年相关项目在尼泊尔的开展也较为缓慢。

3.4.4 储能对碳中和目标的推进作用

尼泊尔的储能主要作为光伏、风电等可再生能源的配套设施存在，但目前尼泊尔国内的可再生能源建设较为落后，因此总体储能的建设也相对落后。

3.5 电力市场概况

3.5.1 电力市场运营模式

3.5.1.1 市场构成

尼泊尔国内电力市场较不完善，发输配售及电力定价均由尼泊尔电力局负责，电力及电费监管局仅负责批准核实电价，不参与具体的电价制定工作。

3.5.1.2 结算模式

尼泊尔电价采用简单的结算模式，尼泊尔电力局根据不同的电流强度下的发电综合成本制定最终电价。

3.5.2 电力市场监管模式

电力及电费监管局（ETFC）是尼泊尔国内唯一的电力市场监管机构，原计划吸纳除尼泊尔电力局（NEA）外的所有电力监管机构，并重组为尼泊尔电力部（电力监管委员会）。但由于各方因素的影响，重组计划已经拖延了十年。

尼泊尔的重点监管对象为尼泊尔电力局（NEA），负责电力局制定的电价的审核工作。

3.5.3 电力市场价格机制

尼泊尔根据使用量和电流强度采取阶梯电价模式，每月除电价外，还会收取相应的服务费，尼泊尔电价见表3-2(1尼泊尔卢比=0.0075美元)。

表3–2 尼泊尔电价表

使用量/kWh	5A		15A		30A		60A	
	服务费/（尼泊尔卢比/月）	电费/（尼泊尔卢比/kWh）	服务费/（尼泊尔卢比/月）	电费/（尼泊尔卢比/kWh）	服务费/（尼泊尔卢比/月）	电费/（尼泊尔卢比/kWh）	服务费/（尼泊尔卢比/月）	电费/（尼泊尔卢比/kWh）
0~20	30	3	50	4	75	5	125	6
21~30	50	7	75	7	100	7	150	7
31~50	75	8.5	100	8.5	125	8.5	175	8.5
51~150	100	10	125	10	150	10	200	10
151~250	125	11	150	11	175	11	225	11
251~400	150	12	175	12	200	12	250	12
>400	175	13	200	13	225	13	275	13

第4章

日　本

4.1　能源资源与电力工业

4.1.1　一次能源资源概况

日本是个能源极其匮乏的国家，尤其是天然气和石油，能源消费基本依赖于进口。日本天然气进口量达到 1139 亿 m^3，成为世界第二大天然气进口国；原油进口量达到 1.625 亿 t，油品进口量达到 0.421 亿 t。根据 2022 年《BP 世界能源统计年鉴》，日本已探明煤炭储量 3.5 亿 t，煤炭产量 48 万 t 油当量。2021 年一次能源消费量达到了 42398.6 万 t 油当量，其中石油达到 15797.9 万 t 油当量，天然气达到 8914.7 万 t 油当量，煤炭达到 11472 万 t 油当量，核能达到 1314.5 万 t 油当量，水电达到 1744.7 万 t 油当量，可再生能源达到 3154.8 万 t 油当量。

4.1.2　电力工业概况

4.1.2.1　发电装机容量

2022 年日本发电总装机容量达到 357GW。在总装机容量中，火电装机容量 160GW，占比最大，达到 44.82%；其次是可再生能源装机容量 127GW，占比为 35.57%；水电装机容量为第三，装机容量为 60GW，占比为 16.81%；核能装机容量为第四，装机容量为 10GW。占比达到 2.80%。日本 2022 年发电装机容量见图 4-1。

4.1.2.2　发电量及构成

2021 年日本全国总发电量约为 825.2TWh。天然气和煤炭是最主要的发电来源，其中天然气总发电量 321.8TWh，煤炭总发电量 255.8TWh。其次为以光伏、风电、水电为主的可再生能源，共 163.4TWh。日本 2021 年发电量构成见图 4-2。

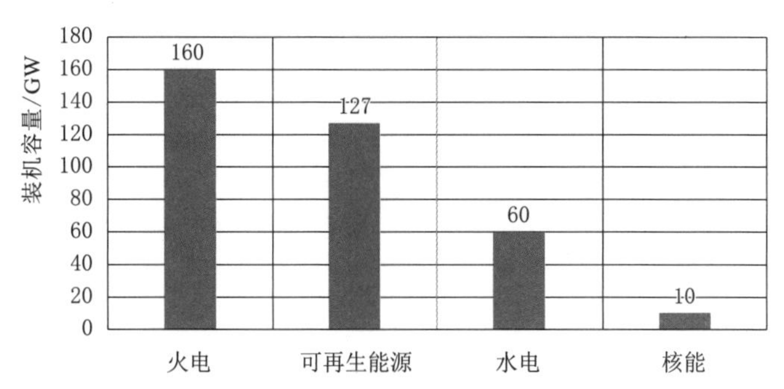

数据来源：日本电力信息中心（JEPIC）。

图 4-1　日本 2022 年发电装机容量

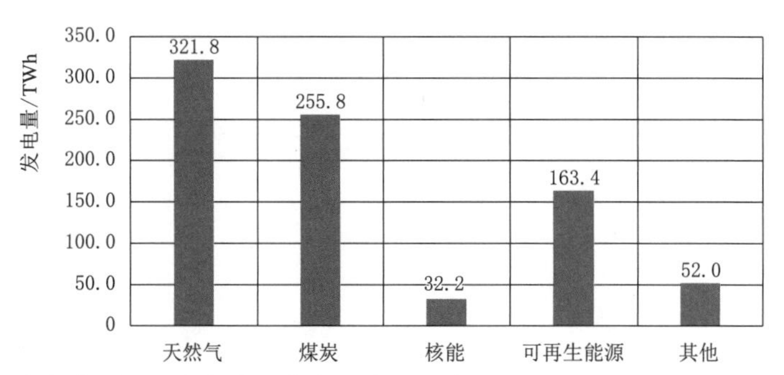

数据来源：日本电力信息中心（JEPIC）。

图 4-2　日本 2021 年发电量构成

4.1.2.3　电网结构

日本电网结构较为特别。全国电网被分为频率不同的东、西两大电网，这与世界上大多数国家电网统一频率不同。西日本电网频率为 60Hz，由中部电力、北陆电力、关西电力、中国电力、四国电力和九州电力等 6 家电力公司，以及冲绳电力公司组成；东日本电网的频率以 50Hz 为主，由东京电力、东北电力及北海道电力 3 家电力公司组成，其中北海道电力以容量 600MW、25kV 高压直流（HVDC）海底电缆与架空输电线所组成的“北本联线”与本州岛的东北电力系统连接。

日本电网由 10 家电力公司组成，冲绳电力公司独立运营，其余 9 家电力公司电网与其相邻地区电力公司的电网相连。日本的电网东部和西部是间接通过一个背靠背换流站连接，这种方式的联网导致两个电网之间的互相支持能力只有 1.2GW。

4.1.3　电力管理体制

4.1.3.1　历史沿革

1990 年以来，日本电力体制改革的主要内容有以下方面：

1. 第一轮电力体制改革：放松发电领域管制

1995年日本修订了《电气事业法》（1964年版），并于1995年12月开始执行。新《电气事业法》主要内容有：放开发电侧，电力工业中引进竞争，原则上取消发电领域进入许可制度，允许独立电厂（Independent Power Producer，IPP）进入市场，参与电力批发业务。但独立发电商所发的电只能趸售给区域独占特性、发输配售垂直一体化的通用电力公共事业公司。由于独立发电公司可以自由进入发电领域，实现发电供应主体多样性，因此对降低电价起到了积极作用。剩余电量收购制度是指原有垄断电力公司，采取招标方式收购其他发电公司的电量，其实质就是放开发电侧，在发电领域引入竞争机制。该制度决定了原有通用电力公司与独立发电商在竞争地位上极不平等。但是，20世纪90年代的发电侧改革并没有解决原有垄断电力公司与新进入发电公司之间的不公平竞争问题。

2. 第二轮电力体制改革：放松售电业务管制

1999年，日本政府第2次修订《电气事业法》，并于2000年3月执行。修订的主要内容有：一是有条件放开部分电力零售侧；二是重新修订电价制度。这两项主要内容的目的，都是逐步实现电力批发市场自由竞争。2000年，放开20kV大型工厂用户，对签约电力在2MW以上的大用户解除限制，允许其参与一直由电力公司垄断的售电业务。引入特定规模电力公司（Power Producer and Supplier，PPS）；引进代输规范；电力公司发输配会计独立。

3. 第三轮电力体制改革：进一步放松售电业务管制

2003年，日本政府再次对《电气事业法》进行修订，2004年部分先期施行，2005年4月正式全面施行。此次修订的主要内容是增加了用户拥有选择电力供应商权利的条款。2003年11月28日日本成立趸售电力部分的日本电力交易所（Japan Electric Power Exchange，JEPX）。2004年，500kW以上高压用户（40%）实现了售电市场化；2005年4月50kW以上高压用户（62%）实现了售电市场化。为了推动输配电的公平性与透明性，日本还引入行为规制，并于2004年2月10日设置中立机构——电力系统利用协议会（Electric Power System Council of Japan，ESCJ），负责电力系统运用规则、处理纷争等。

4. 第四轮电力体制改革：稳定供应、竞争有效

在对电力零售市场化范围扩大的利弊、趸售电力市场竞争环境的改善、同时同量不平衡制度、代输费率制度、确保电力稳定供应、适合环保、输电价格制度等议题进行了广泛讨论的基础上，日本政府再次对《电气事业法》进行修订，并于2008年开始执行。本轮改革的目标是“稳定供应”“适合环保”和“竞争有效”。本次修订的内容主要有：①建立针对不同电力供应商的调度机制，以保证电网的公平接入，但输电系统仍然保持垄断；②建立促进电源发展的体制机制，但仍保持通用电力公共事业公司的垄断；③在全日本电力交易与配售机制中引入环保要求。然而通过对居民电力零售市场市场化扩大的影响的评估，认为在当时的条件下扩大售电市场范围（即50kW以下用户）对居民用户产生不利影响，因而决定推迟全面放开电力零售市场的改革。

日本福岛核电厂事故使得日本再一次进行电力市场的改革，主要分为三个阶段。第一阶段的电力市场改革：成立负责统筹日本全国电力跨区输电调度的电力广域的运营推进机关（OCCTO），扩大广域系统运用，在更大范围内配置电力资源。OCCTO已于2015年正式启动。第二阶段的电力市场改革：完全放开电力零售市场，实现全面市场化。自2016年4月起，放开发电侧和售电侧，鼓励天然气、炼油、通信等其他行业的公司积极参与发电业务，鼓励其借助电网直接向家庭用户售电。此阶段改革已进入实质运作。第三阶段的电力市场改革：输配电系统法定分离，确保电网的中立性。2020年4月进行厂网分离，实现发电部门与输配电部门在法律上的分离，建立中立的输配电平台，让各家发电公司公平竞争上网；取消电价管制，实现零售电价由市场决定。

4.1.3.2 机构设置

日本管理电力的政府部门主要由经济产业省（原为通产省）负责，该省设有大臣办公室、经济产业政策局、通商政策局、贸易经济协力局、产业技术环境局、制造产业局、商务情报政策局等7个部门，同时设有资源能源厅、特许厅和中小企业厅3个直属局，以及日本贸易振兴机构、经济产业研究所、产业技术综合研究所等11个直属事业单位。而管理电力的具体工作由经济产业省下的资源能源厅负责，主要是依据《电力事业法》负责颁发电厂建设许可证，制定电力管理规章和制度，审批电价调整方案，协调燃料供应和电力平衡问题等。经济产业省资源能源厅组

织架构见图4-3。

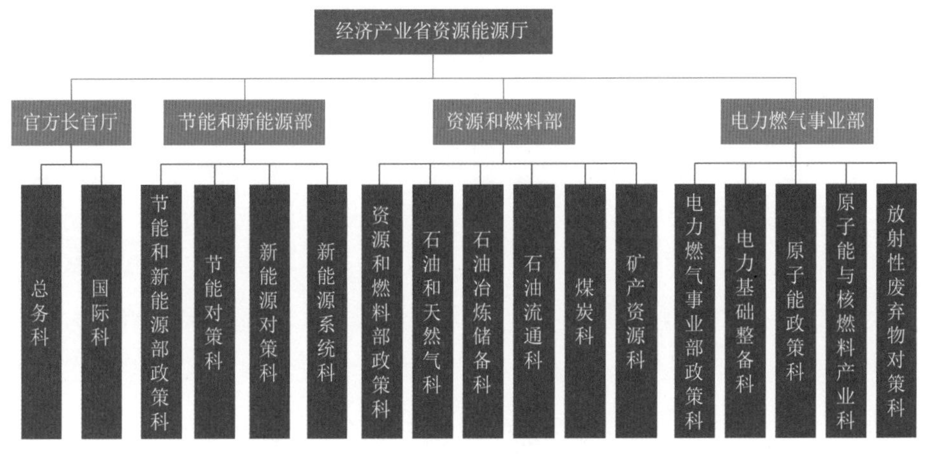

图4-3 经济产业省资源能源厅组织架构

此外，日本经济产业省还下设审查电力新工程的电力审议会、协调九大电力公司和其他公司之间关系的中央电力协议会、管理电力公司联网调度的电力广域的运营推进机关（OCCTO）、日本电气事业联合会（EEPC）、日本电力调查委员会、海外电力调查会、日本核能产业会议等，分别行使一定的电力管理职能。总而言之，日本政府对电力行业实行多部门协调有效管理。

4.1.3.3 职能分工

日本电力管理机构主要有经济产业省下的资源能源厅电力市场科、电力审议会、日本电气事业联合会、日本电力系统利用协会（ESCJ）四个主要机构。其主要职能如下：

（1）经济产业省下的资源能源厅电力市场科。主要职能是规划和推广确保稳定和有效供应电力、燃气和热能的基本政策；与电力和电力业务相关业务（电力市场开发办公室和电力基础设施发展部门除外）；天然气相关事宜和天然气业务（不包括天然气市场维修部门）；供热以及供热业务。

（2）电力审议会。审查各电力公司新建工程。

（3）日本电气事业联合会。电力业务知识的传播、启发和宣传，收集和分发有关电力业务的材料和信息，开展电力业务的研究和统计，表达对电力业务的意见，实现协会目标所需的其他事项。其主要成员为十大“一般事业电力企业”，是为了进行电力行业统一管理而成立的。

（4）日本电力系统利用协会。制定电力系统各种规则和提供有效监管。

4.1.4 电网调度机制

4.1.4.1 调度特点及历史

日本调度机构与输电（电网）一体，电力交易机构（日本电力交易所）单独分开。

日本的调度机构已经形成了统一调度、分级管理的调度管理模式。随着推行“大范围运行”的政策设立了国家级调度，即以电力广域的运营推进机关作为调整、指示、连接系统监督等的实务机构，与各电力公司的调度之间没有上下级调度关系，而各区域电力公司大部分设置了三级调度机构，形成了十分完整的统一调度、分级管理的调度管理模式。

日本电网调度现有格局的形成有着深远的历史原因。二战后，盟军力图削弱日本的潜在军事能力及其基础经济实力，出台了《排除经济力量过渡集中法》（1947 年）。在电力工业方面，于 1948 年 2 月废除了国家电力管理的有关法令，日本电力工业进行重组，而管理体制也因此由国家统一管理转变为分散式管理。

日本《新电法》于 1962 年正式颁布施行，日本的电力工业逐渐形成了区域垄断的格局。实践表明，这种区域垄断并没有形成比较竞争优势，终端电价居高不下就是有力例证，而且，这种区域垄断还成了全国范围内能源资源优化配置的主要障碍。为此，日本开始推行“大范围运行”政策，但当时并没有因此形成全国统一调度，“融通”也因此收效甚微。

4.1.4.2 调度机构

电力广域的运营推进机关于 2015 年正式启动，主要负责统筹日本全国电力跨区域输电调度，并且监督电力代输、系统运转。其主要职责有：一是汇编与检查各电力公司的电力供需计划与电网计划，并可命令各电力公司更改计划，例如互联线路的建设等；二是当电力供应紧急时，可命令各电力公司强制发电与进行电力输送。

该机关是根据《电力商业法》（第 170 号法）成立的。其主要业务内容如下：

（1）监测与会员经营的电力业务有关的电力供需情况。

（2）根据该法第28~44条第1款给予政策指导。

（3）制定业务指南，如传输和分配。

（4）根据该法第29条第2款的规定（包括在第4条中比照适用的情况）监督检查。

（5）通过实施投标和其他方法维护和运营发电厂；促进商业和其他发电设施安装；开展电力投标等业务。

（6）顺利实施输配电工作等，确保稳定供电；为电力供应商提供指导、建议和其他服务。

（7）处理电力供应商关于输配电业务和争议解决方案的投诉，做出决定。

（8）提供有关情报并协调传输和分配职责。

4.2 主要电力机构

4.2.1 东京电力公司

4.2.1.1 公司概况

1. 总体情况

东京电力控股株式会社（Tokyo Electric Power Company Holdings, Inc.），简称东京电力公司、东京电力HD、东电或TEPCO，是日本十大电力公司之一，也是世界上最有名的电力公司之一。公司成立于1951年，原名东京电力株式会社，2016年4月1日因日本实施电力自由化而转型并改为现名，是一家集发电、输电、配电于一体的巨型电力企业，资产总额达1178亿美元，员工人数4万余人，服务范围为关东地区1都7县与静冈县东部。

东电旗下发电厂以火力发电为主，水电与可再生能源发电为辅，此外还拥有2座核电站，但在2011年东日本大地震后全部停止运转。根据《财富》杂志，它曾是日本收入最高的电力公司（2005年共500亿美元），2018年世界财富500强排名186名。东日本大地震时，发生严重事故的福岛第一核电站即为东电所有。

截至2020年12月31日，东电电网包括41059km的输电线路，1572座变电站。此外，它还参与天然气销售业务，为电力设施提供咨询服务等。

2. 管理层

东京电力公司的董事会由 13 名成员组成，其中 1 名董事会主席和 12 名成员。公司高级管理层由 15 个执行官组成。

3. 经营业绩

2020 年，日本东京电力公司总收入 60566 亿日元，约合 551.95 亿美元，其中营业收入 58668 亿日元（约合 534.66 亿美元），其他收益 1898 亿日元（约合 17.30 亿美元）。2020 年东京电力公司营收见图 4-4。

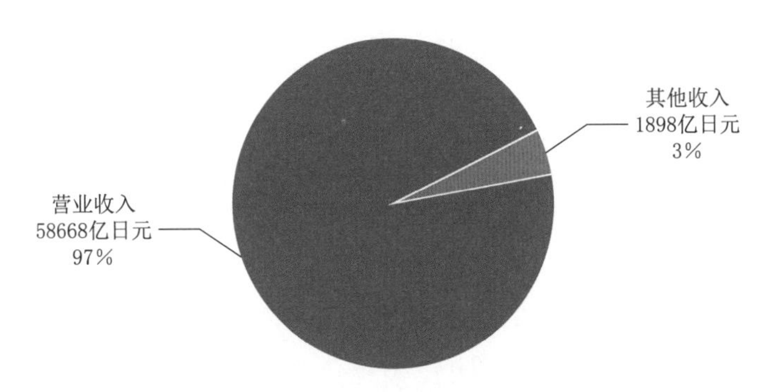

图 4-4 2020 年东京电力公司营收

4.2.1.2 历史沿革

东京电力公司成立于 1951 年，其前身是 1883 年创立的东京电灯公司。

2003 年 4 月，在发现虚假的安全文件后日本政府命令东京电力公司关闭所有核反应堆以进行安全检查，很快爆出的丑闻导致该公司的高层辞职，随之而来的是国家政策被迫减慢对核燃料循环利用技术的推进进度。

2007 年 1 月 31 日，东京电力公司在向经济产业省提交的调查报告书中承认，从 1977 年起在对下属福岛第一核电站、福岛第二核电站和柏崎刈羽核电站的 13 座反应堆总计 199 次定期检查中，存在篡改数据，隐瞒安全隐患的行为。

福岛第一核电站事故后，东京电力接受新成立的核能损害赔偿机构出资。2012 年，在东京电力发行特别股之后，核能损害赔偿机构成为表决权过半数的最大股东。2014 年，机构改名为“核能损害赔偿、废炉等支援机构”。由于该机构由日本政府出资，因此拥有过半股权之后，东京电力实际上等同于国营企业。

2016 年 4 月 22 日，东京电力、中部电力合资成立 JERA 公司，合并旗下火力发电的燃料业务和液化天然气（LNG）采购以及海外发电业务。

4.2.1.3　组织架构

作为一家大型集团企业，东京电力公司还拥有若干子公司，业务范围涉及设备维护、燃料供应、设备材料供应、环保、不动产、运输、信息通信等行业。在2016年4月1日转型为控股公司后，同时将其大部分业务分拆到三家新成立的子公司，其组织架构见图4-5。

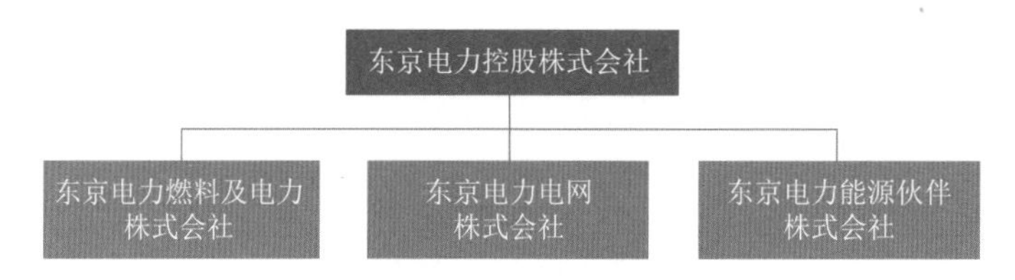

图4-5　东京电力公司组织架构

（1）东京电力燃料及电力株式会社（简称东电FP）负责火力发电与燃料调度。

（2）东京电力电网株式会社负责输电与配电。

（3）东京电力能源伙伴株式会社负责售电业务、并涉足家用瓦斯供应。

4.2.1.4　业务情况

1. 经营区域

东京电力公司服务范围为关东地区1都7县与静冈县东部，分别在东京都、栃木、群马、茨城、埼玉、千叶、神奈川、山梨县、静冈，且都设有电力公司。截至2020年12月31日，东京电力公司供电区域39575m^2，约占日本十大电力公司供电区域总面积的10%，供电人口2317万人，约占日本十大电力公司的15.5%，售电量2045TWh，约占19.8%。

2. 业务范围

（1）发电业务。2021年，东京电力公司拥有发电装机容量18197MW。其中水电装机容量9878MW，约占54.3%；火电装机容量56MW，约占0.3%；核电装机容量8212MW，约占45.1%；新能源发电装机容量51MW，约占0.3%。2021年东京电力公司装机容量见图4-6。

（2）输配电业务。截至2021年年底，东京电力公司输电线路长度共计21248km。其中架空线路长度14804km，地下线路长度6444km，分别占70%和30%。变电站1614座，变电容量274.31GVA。东京电力公司各电压等级输电线路长度见表4-1。

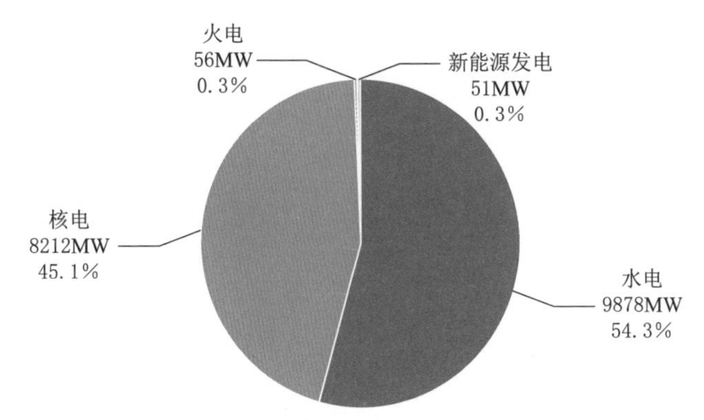

数据来源：东京电力公司官网。

图 4-6　2021 年东京电力公司装机容量

表 4-1　　　　东京电力公司各电压等级输电线路长度

电压等级 /kV	架空线路 /km		地下线路 /km	
	输电线路长度	延长线	输电线路长度	延长线
500	2453	4520	40	79
275	1175	2331	402	1144
154	2953	5998	308	774
66	7732	15009	3633	6808
55 及以下	491	533	2061	3608
总长	14804	28391	6444	12413

注：1. 输电线路指电压等级在 20kV 以上的线路。
2. 数据来源：东京电力公司官网。

为了满足东京都电力需求，东京电力公司建设了由新潟线至山梨县的南北线（由南新潟干线与西群马干线组成）和由福岛县至群马县的东西线（南磐城干线与北栃木干线组成）的两条（四段）1000kV 线路，目前这些线路均以 500kV 降压运行。东京电力公司 1000kV 输电线路的相关数据见表 4-2。

（3）售电业务。2021 年，东京电力公司税前利润达到 2640 亿日元（约合 24.06 亿美元），电费收入为 58781 亿日元（约合 535.69 亿美元）。电力销售额达到 2097TWh，较 2018 年下降 97TWh。其中公共照明销售量达到 680TWh，功率计销售量达到 81TWh，具体规模需求达到了 1336TWh。

表 4-2　　　　东京电力公司 1000kV 输电线路

名称	西群马干线	南新潟干线	东部群马干线	南磐城干线
区间	西群马开关站—东山梨变电站	柏崎刈羽核电站—西群马开关站	西群马交换站—东群马变电站	南岩城开关站—东群马变电站
长度	137.7km	110.8km（61.2km）	44.4km	195.4km
电压和回路线	1000kV 设计双回西线	1000kV 设计双回西线（部分 500kV）	1000kV 设计双回西线	1000kV 设计双回西线
电线	钢芯铝绞线 610mm^2，810mm^2×8 导体	钢芯铝绞线 610mm^2，810mm^2×8 导体（810mm^2×4 导体）	钢芯铝绞线 610mm^2，810mm^2×8 导体 低噪声钢芯铝绞线 960mm^2×8 导体	钢芯铝绞线 610mm^2，810mm^2×8 导体 低噪声钢芯铝线 940mm^2，960mm^2×8 导体
塔基数及高度	217 个 平均高度 111m	201 个（114 个）平均高度 97m（89m）	70 个 平均高度 115m	335 个 平均高度 119m
开工时间	1988 年 9 月	1989 年 3 月	1992 年 9 月	1995 年 11 月
投运时间	1992 年 4 月	1993 年 10 月	1999 年 4 月	1999 年 7 月

注：1. 括号内为 500kV 段线路数据。
2. 数据来源：东京电力公司官网。

4.2.1.5　国际业务

近年来，在国内市场日益饱和的情况下，东京电力公司致力于将业务扩展到海外，希望国际业务能够成为新的利润增长点。东京电力公司的国际业务包括咨询和投资业务。凭借众多的电力技术专家及在电力业务管理方面的经验，东京电力公司向包括亚洲、欧洲、美洲在内的多个国家提供技术培训和技术咨询服务。截止到 2017 年年底，东京电力公司海外咨询服务遍及全球 19 个国家和地区，2017 年海外咨询营业收入共 856 万美元。

东京电力公司的海外投资项目主要集中在发电和能源方面，目前在中国台湾、越南、印度尼西亚、菲律宾、泰国、韩国、澳大利亚、美国及欧洲都有投资项目。截止到 2017 年年底，东京电力公司共投资全球 23 个国家，按照所持股份计算，权益装机容量达到 5100MW。

4.2.1.6　科技创新

东京电力公司的研发部门为管理技术与战略研究所，主要通过知识产权战略负责公司技术的开发，为了增强公司核心技术实力而设立的。该部门分为规划、管理、市场、工程计划、质量安全管理 5 个小组和知识产权中心。

研发重点主要包括三个重要方面：努力开发下一代基础设施，发展环境、能源和安全技术，发展土木工程和建筑的技术。

（1）开发下一代基础设施，主要包括远程多用途水下检测机器人、表面电流传感器诊断设备、ACM 传感器等基础设施的研究和开发。

（2）发展环境、能源和安全技术，主要包括海上风电、川崎电池监测站、退役设备腐蚀评价与对策技术研究等，再结合当地社区和当下的全球环境与安全来促进技术发展。

（3）发展土木工程和建筑的技术，主要包括座椅式无线传感器、输电塔基础加固方式、受电弓式地震控制系统对烟囱的抗震加固等新建筑方法以及耐久性诊断等技术开发。

4.2.2 关西电力公司

4.2.2.1 公司概况

1. 总体情况

关西电力公司是日本最大的能源公司之一，为整个大阪、京都、奈良、和歌山辖区以及岐阜等部分辖区供电，供电面积达到 28700km^2，最大输电量 1579.91 亿 kWh。

关西电力公司成立于 1951 年 5 月 1 日，日本电力工业组织也成立于同一年。2000 年修订《电气事业法》，公司开始电力的小部分自由化，并于 2012 年在《财富》世界 500 强中排名第 301 位。公司下设许多分支集团，包括与能源相关的集团、信息技术集团、生命周期集团、商业支持集团、其他商业集团等。

同时，关西电力公司也非常着重培养雇员的责任感与使命感，并努力为雇员创设一个能够激发雇员的激情和目标的环境，使雇员能够发挥潜能，付出的努力获得回报。因此，关西电力公司采用自动管理系统，即不同办公室自己设定目标，采取行动，总结经验教训，这大大提高了公司与其雇员的可靠性和创造性。

2. 经营业绩

2020 年，关西电力公司电力销售额达到 328.71 亿美元，其中电气事业业绩 230.40 亿美元，天然气及其他能源业绩 56.02 亿美元，信息沟通业务业绩 26.49 亿美元，其他 15.80 亿美元。

4.2.2.2 历史沿革

1951 年 5 月 1 日，日本关西电力公司正式成立。

1956 年 7 月，Kurobegawa 4 号电站（奥马哈线路）开工建设。

1957 年，为研究开发原子能发电，设立原子能部。

1961 年，鸣门海峡横渡送电成功。

1963 年，Kurobegawa 4 号电站历时 7 年竣工。

1970 年，关西电力公司最初的原子能发电所——美浜发电所 1 号机组投运。

1981 年，最先把全面质量控制（TQC）引入电力行业。

2000 年 3 月，关西电力公司进行了部分电力零售市场的变革。经过半个多世纪的发展，关西电力公司不断提供高质量的电力供应，对地方发展起到了重要促进作用。同时积极参与全国范围的公共事业，提供保证能源安全、解决全球环境问题的服务。

2003 年 7 月，关西电力公司得到了 Ecoleaf（有机之叶）的环保认证。

2012 年 12 月，阿瓦吉风电场正式投入使用。

2015 年 6 月，关西电力公司支持了大阪妇女的游行活动并且于 7 月提高了部分电价。

2016 年，关西电力公司制定“经营理念”“企业基本态度”“关西电力集团愿景”“品牌宣言”等内容；全面开放电力零售；制定《关西电力集团中期经营计划（2016—2018）》。

2020 年 2 月，关西电力公司制定“零碳愿景 2050”；制定“经营理念”和《关西电力集团中期经营计划（2021—2025）》。

关西电力公司最大的任务是满足市场需求，供应稳定电力。关西电力公司秉承以赢得顾客和社会的信任为己任，以共同发展的原则为基础，提高顾客的满意度的经营发展原则。这项原则对于关西电力公司未来的发展也是非常有用的。关西电力公司仍将坚持“顾客第一”的经营管理原则，适应能源市场的竞争，提高各项业务的竞争能力。

从关西电力公司成立开始，经过半个多世纪的发展，关西电力公司能够提供高质量的电力供应，对地方的发展起到了重要作用。关西电力公司对全国范围的公共事业也非常支持，提供能源安全保证、改善全球环境问题的服务，核电发电量大约占到全部发电量的 50%。

4.2.2.3　组织架构

日本关西电力公司主要由董事会、监察委员会与各下属办公室组成。董事会作为最高领导部门管理整个公司，监察委员会独立于董事会存在，监督关西电力公司的发展。除此之外，关西电力公司拥有24个自动管理的下属办公室，包括基建办公室、管理办公室、电力技术中心、职业技能发展中心、内部监察办公室等。其组织架构见图4-7。

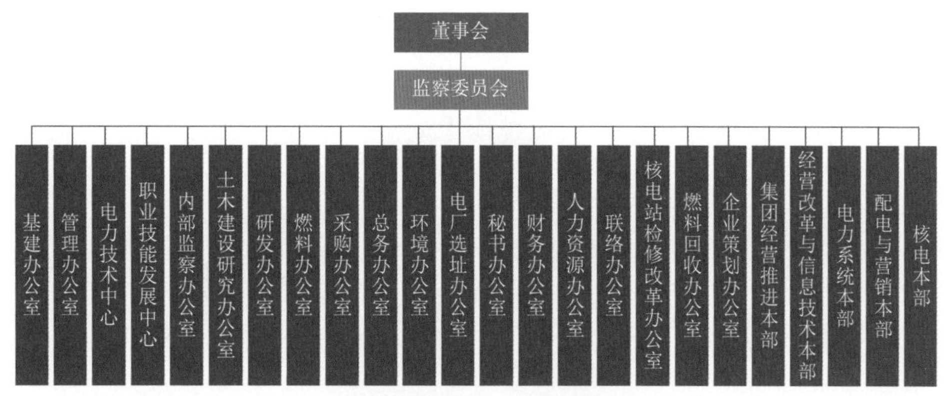

图4-7　关西电力公司组织架构

4.2.2.4　业务情况

1. 经营区域

关西电力公司主要经营发电、输电、配电业务，负责对日本关西地区的9个县（府）供电，包括整个大阪、京都、奈良、和歌山辖区以及岐阜，供电面积达到28700km^2。

2. 业务范围

（1）发电业务。2021年，关西电力公司装机容量共计29097.09MW。各类型能源装机容量见图4-8。

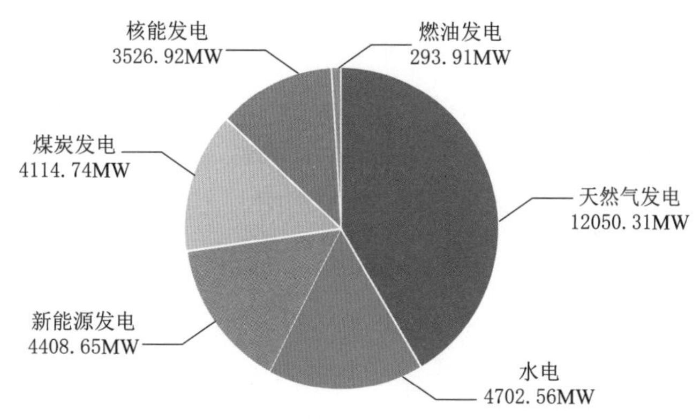

数据来源：关西电力公司财报。

图4-8　2021年关西电力公司各类型能源装机容量

其中，天然气发电装机容量最大，达到12050.31MW，占比为41.4%；其次是水电装机容量达到4702.56MW，占比为16.2%；新能源发电装机容量第三，为4408.65MW，占比为15.2%；煤炭发电装机容量位于第四，为4114.74MW，占比为14.1%；核能发电装机容量为3526.92MW，占比12.1%；燃油发电装机容量非常小，约为293.91MW，仅占1%。

2021年，关西电力公司发电量共计89.575TWh。其中火力发电量占比最大，发电量为61.437TWh，占比为68.59%；核能发电量为15.335TWh，占比为17.12%；位于第三的是水电，发电量为12.775TWh，占比为14.27%；新能源发电量非常小。2021年关西电力公司各能源发电量见图4-9。

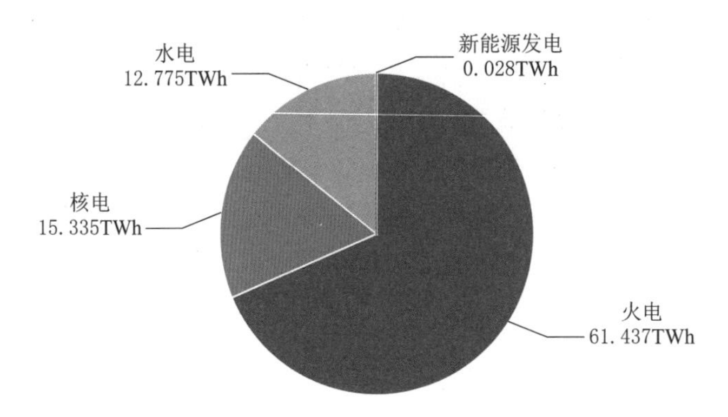

数据来源：关西电力公司财报。

图4-9　2021年关西电力公司各能源发电量

（2）输配电业务。关西电力公司以500kV输电路线为主网架，主要电源点直接与500kV或275kV输电线路相连。

主要负荷集中在大阪市区。500kV输电线路围绕负荷中心形成钳形供电网。西部与日本中国电力公司、四国电力公司电网相连，东部与日本北陆电力公司、中部电力公司电网相连。

关西电力公司输电电压等级分为500kV、275kV、66kV，还有少量的187kV线路，供电频率为60Hz。2020年，关西电力公司电力传输线共计18851km，输配电线路长度共计132880km，变电站共有961座。

（3）售电业务。截至2021年年底，关西电力公司电力总销售达到110.3TWh，包括零售和跨区域与其他电力公司合作。其中零售销售达到34TWh，跨区域和其他电力公司合作的销售达到66.3TWh。

4.2.2.5 国际业务

关西电力公司的国际业务主要包括海外发电、海外咨询以及国际合作活动等三个业务。

（1）海外发电。关西电力公司于 1998 年参加巴西圣罗克水电项目，成为日本首个海外发电项目（IPP 项目）。目前，与菲律宾、泰国、中国台湾、新加坡、澳大利亚、老挝、印度尼西亚、美国、爱尔兰等国家和地区的 13 个项目正在开发中，发电装机容量约为 2570MW。

（2）海外咨询。在菲律宾的 San Roque 水力发电厂，关西电力公司主要负责该工厂的运营和维护咨询服务。通过咨询改进 San Roque 的技术，以便当地员工操作和维护发电厂。自 2006 该电厂开始运营之后三年，关西电力公司提供了培训、实习和讲座。

2013 年 6 月—2014 年 12 月，关西电力公司提供中长期的电力最优的开发规划，以战略性地开发电力供应和传输系统以解决缅甸自 2011 年以来的电力供应短缺。

（3）国际合作活动。通过全球可持续电力伙伴关系（GSEP），主要在亚洲国家开展技术合作以及接受各种培训计划等，积极参与国际合作，应对全球电力业务挑战和促进可持续发展。

2016 年，关西电力公司在马尔代夫安装了太阳能发电设备，以及根据岛上的需求安装的捕鱼所需的制冰机。当太阳能发电量增加时，制冰机可以平衡太阳能发电量和电力消耗量，以此调整电力供应和需求。另外制冰机的引入可降低购冰的成本和频率，以及减少 CO_2 的释放量。

关西电力公司在图瓦卢开展太阳能发电项目，安装 40kW 的太阳能发电设施，为太平洋岛国提供可再生能源电力。项目于 2007 年 10 月施工，2008 年 2 月完工。

关西电力公司在不丹非电气化村建立了一个小规模的水力发电厂，2004 年 6 月建设开工，2005 年 8 月完工。

4.2.2.6 科技创新

为保持可持续发展能力，关西电力公司一直致力于改进并研究新的技术，也一直施行大力推广科技研发力度的政策。

截至目前，关西电力公司主要的科技研发方向包括：电力系统控制、智能电表、碳捕捉与封存、土壤净化、有害物质检测等环保技术；下一代电力电子元器件；高效燃料电池；电力热泵设备；液态氢移动发电站等。

近年来，随着病毒和细菌感染症的流行，消费者对空气净化机的引进意向高涨，因此，关西电力公司以此为研究目标，成功研发出了全新的空气净化机。

该空气净化机采用光催化剂技术，可将空气中存在的病毒等有害物质分解为水、二氧化碳等无害物质，与过滤方式的空气净化机相比更容易进行维护。另外，通过对构成净化机的反应器、送风机、空气流通道的各个部件进行小型化及配置，实现了净化机的小型化。用户可以将该净化机挂在脖子上，随时净化空气。关西电力公司将通过光催化剂及光催化剂利用产品的进一步技术开发及其产品销售，为日本民众实现安全、安心的生活做出更大的贡献。

不仅如此，关西电力公司决定在山形县酒田市开展生物质发电事业，并且于2017年7月3日，向山形县知事、酒田市长提交了环境影响评价方法书。同时在福岛县岩木市也开展了生物质发电事业，并计划于2022年4月营业。关西电力公司致力于在2030年使国内外的可再生能源的设备容量达到6GW。

根据统计，进入2001年后，关西电力公司平均每年获得的专利数都保持在200件以上。通过加大科技研发力度，关西电力公司积累了技术储备，为公司发展提供了后劲。

4.3 碳减排目标发展概况

4.3.1 碳减排目标

2020年10月，日本发布《“2050碳中和”宣言》，首次提出将在2050年完全实现碳中和，并于2021年5月将“2050碳中和”写入《全球变暖对策推进法》。

2021年4月，日本宣布新的2030年温室气体减排目标，即较2013年削减46%，并努力向削减50%的更高目标去挑战。

4.3.2 碳减排政策

在《联合国气候变化框架公司巴黎协定》生效之后，日本的减碳政策在能源转型基础上推动绿色产业发展，进而实现碳中和目标。自2018

年推出《能源基本计划》（第五期）以来，日本持续投入研发经费至新能源开发利用中。之后《革新环境技术创新战略》又提高了绿色技术的发展与应用要求，提出了39项重点绿色技术，包括可再生能源、氢能、核能、碳捕集利用和封存、储能、智能电网等绿色技术，计划投入30万亿日元以促进绿色技术的快速发展。2020年12月，日本颁布了《2050年碳中和绿色成长战略》，提出了推动日本实现碳中和的产业分布图，并要求通过财政扶持、税收、金融支持等方式引导企业创新，推动绿色产业发展。

2021年6月，日本经济产业省发布最新版《2050年碳中和绿色成长战略》。政府将通过动员超过240万亿日元（约合13.5万亿人民币）的私营领域绿色投资，通过一揽子政策工具大力发展绿色产业，2020—2030年短中期着力提高能效和发展可再生能源，2030—2050年中长期积极探索氢能、碳捕捉、碳循环等高阶减排技术。近几年来日本出台的主要政策见表4-3。

表4-3　近几年来日本出台的主要政策

时　间	政　策
2016年	《能源革新战略》《能源环境技术创新战略》《全球变暖对策计划》
2017年	《氢能基本战略》
2018年	《能源基本计划》（第五期）
2019年	《2019综合技术创新战略》《氢能与燃料电池技术开发战略》《碳循环利用技术路线图》《2019节能技术战略》
2020—2021年	《2050年碳中和绿色成长战略》

4.3.3 碳减排目标对电力系统的影响

1. 碳减排目标对电网侧的影响

日本大力推进智能电网建设，储能电池研发成为关键。智能电网在可再生资源的开发利用中扮演着不可或缺的角色。目前，日本已经把智能电网的建立和完善率先提上了日程，并开始了对大型储能电池以及智能电表的研发。他们的目标是，2030年在全国普及智能电网。

据了解，三菱电机公司已经研发推出了由312个锂电池构成的小型组合蓄电池，蓄电能力达1.6kWh，售价高达2555.6美元。此外。川崎重工业公司还推出了用于智能电网的镍氢电池，该种电池与此前的大容量储能电池比，体积缩小了2/3以上。除了大力推进大型储能电池研发，日本方面还开始了智能电表的研发。智能电表是智能电网的重要配角。目前，日本大崎电气工业公司已在国内投资20亿日元进行智能电网用智能电表的研发和生产。三菱电机公司也开始了智能电表的生产。

此外，日本具有通信功能的智能电表也在开发中。为了进一步推进智能电网的建设，日本方面还开始了对电网各种标准的制定。经济产业省已成立了“关于下一代能源系统国际标准化研究会”，并积极与美国等国家合作，共同进行智能电网项目的试验。根据日本日前发表的《2050年碳中和绿色成长战略》，其将在2030年实现在全国普及智能电网，并全力推动智能电网的海外建设。

2. 碳减排目标对电源侧的影响

日本2014年可再生能源的份额约为12%，每年将增长1个百分点以上，到2021年达到22%以上。其中，光伏发电量占9.3%，高于上一年的8.5%，并正在逐渐接近内阁于2021年10月批准的第六项战略能源计划在2030财政年度电力来源构成中承担的份额。加上0.87%的风力发电份额，可再生能源的份额已超过10%，达到10.2%，高于前一年的9.4%。至于太阳能以外的可再生能源，生物质能发电产生的电力份额为4.1%，高于前一年的3.2%。另外，风力发电和地热能发电与前一年相比几乎没有变化，分别为0.87%和0.25%。水力发电量比上一年略有下降，降至7.8%。

3. 碳减排目标对用户侧的影响

日本是亚太地区屋顶光伏电池板市场增长的主要国家之一，对屋顶光伏电池板市场的增长做出了相当大的贡献。根据国际能源协会（IEA）的数据，日本对全球光伏组件总产量的贡献接近4%，再加上屋顶光伏电站的建设周期较短，促进了屋顶太阳能光伏的实施。

根据IEA发布的最新统计数据，截至2020年年底，日本累计商业和住宅屋顶光伏发电能力已达到41GW，去年新增光伏发电能力约为2.6GW。据推测，未来10年，屋顶光伏可能取代光伏电站，成为日本的主要增长动力。

不断上涨的电价和缺乏吸引力的大规模太阳能支持计划，可能会使屋顶光伏发电取代公用事业规模的开发，成为日本新增发电能力的主要推动力。

根据预测，2024—2028 年，分布式太阳能可能会以每年约 4 GW 的速度增长。这种增长将由不断上涨的电价和工商业用电消费者减少电网消耗的需求引发。与向电网出售剩余电力相比，消费者将更倾向于选择自我消费，与此同时分布式发电的吸引力将大大增加。

住宅的 FiT 价格将保持在 24~26 日元 /kWh（0.22~0.24 美元 /kWh）不变，价格取决于项目位置，但大于 10kW 的系统将被削减 22%，自 2019 年 4 月 1 日以来，新支付的费用为 14 日元 / kWh。虽然小于 10 kW 的光伏系统的 FiT 价格将刺激该领域的短期增长，但预计住宅和工商业消费者将在未来十年内逐渐从使用电网电力转向自我消费。

日本易受自然灾害的影响，这也是促使电力用户获得能源独立的另一个刺激因素。

屋顶光伏项目的发展也会有部分阻碍。对于作为分布式发电项目的屋顶光伏项目，如何完善屋顶租赁仍然存在法律问题。根据现行的《不动产登记法》(*Real Property Registration Act*)，建筑物的一部分，比如屋顶，不能进行登记。因此，屋顶房屋的租赁权 (以及在租赁权上产生的担保权益) 可能无法得到完善。关于净计量，由于可再生能源项目的所有者有权要求输电公司以固定价格购买所有可用电力，因此，可再生能源分布式发电项目的所有者可以将所有剩余电力出售给输电公司。但在收益方面，可再生能源的投资回收通常需要很长时间。

4. 碳减排目标对电力交易的影响

日本批发电力市场由电力交易所（JEPX）组织，主要职能是为各电力企业调剂余缺提供交易平台。各电力公司、发电公司及电力零售商在交易所中进行余缺电力的交易。目前，JEPX 有两个交易市场：现货交易市场（2009 年 9 月 28 日开展了半小时前电力交易）和期货交易市场（年交易、月交易和周交易）。受福岛核电事故影响，日本加大了电力交易的力度，交易量有了较大的提升。

4.3.4 碳减排相关项目推进落地情况

日本减碳政策逐步完善，在内容上基于资源禀赋、技术优势制定了以能源转型为核心实现绿色产业发展为主的减碳发展路线。在政策执行上形成了利用政策引导城市自主规划碳减排，利用碳税制度、财政补贴等手段推动企业自愿采取减排措施，积极引导民众参与环保运动，从多维度共同推进碳减排的模式。

（1）日本减碳政策以创新新能源、调整能源结构为主，利用政策引导加市场化机制推动企业进行技术创新，从而持续发展绿色产业，全方位地推进碳减排工作。在《2050年碳中和绿色增长战略》的引导下，日本着重推动14个领域的绿色产业发展。为此，日本运用税收、补贴等手段调动市场机制引导企业保持绿色技术创新。2010—2016年，日本企业的绿色技术发明数量占日本整体的97%，发挥了企业作为市场主体的作用，利用企业创新获取核心技术、推动绿色产业发展，以此维护日本在各领域的优势地位。

（2）日本早期减碳政策制定中就有意识地明确各社会主体职责，调动全社会积极性，以社会力量共同应对全球气候变暖。在各级政府层面，日本积极推动低碳城市建设。城市是人类社会生产生活的中心，也是低碳发展政策的推动执行层面，因此，低碳城市建设是应对气候变化的重要突破口。日本由中央政府设定法规、提供信息咨询与指导，推出环境示范城市和环境未来城市项目，对每个城市制定绿色低碳发展规划，从能源清洁、低碳交通、低碳建筑、低碳生活、低碳产业等方面推进低碳城市的建设，日本还利用市场化机制引导政府、高校、企业等多方面合作，为低碳城市发展注入内生动力。

4.4 储能技术发展概况

4.4.1 储能技术发展现状

日本于2023年3月公布了一项大规模的电网扩张计划，该计划到2050年投资共6万亿日元，约450亿美元。投资包括在日本全国新建大规模的太阳能发电设施、海上风电设施及其配套储能电站，并对全国电网进行改造扩容工作以更好地和新增的储能设备进行配合。因此日本在未来具备较强的储能增长潜力。为了管理这些新增的储能设备，日本电网形成了一套较为初级并且在不断改善的管理体制。

1. 电力交易和储能系统积极配合

首先日本通过日本电力交易所这一较为成熟的能源交易市场来进行电力交易，电力交易所与日本各大配电公司的调度系统相连接，通过每个小时更新的日内电价来调节电力的供需。通过将储能电池接入电力交易所系统，储能电池的业主可以通过在电力波谷期蓄能，并在电力波峰期放电来获得电价价差，从而实现经营利润，进而在利润调节上保障民间进行储能系统开发的积极性。

2. 电力交易促进电力平衡

通过在储能端引入电力交易可以使得市场自发进行抑峰平谷，从而减少发电端的调峰负担，并使电网的频率波动得到更行之有效的管理。此外，日本计划单独为日内能至少稳定供电 3 小时的储能设备和可再生能源引入一个单独的低碳电力交易平台。这个平台计划在 2024 年年底开始运营。

3. 法律法规尚未完善

目前日本市场类别在法规、长期价格和数量方面仍存在一些不确定性，对早期进入者的影响尤其大。例如，随着越来越多的电池储能市场进入市场，辅助服务市场的数量和价格可能会相互蚕食，从长远来看，对电池储能系统来说，将减少其最有价值的收入来源。此外，由于日本能源市场的套利溢价完全由日本政府来把控，因此对于市场化参与者来说存在一定的风险。

4.4.2 主要储能项目情况

根据最新统计，全球电化学储能容量 2021 年年底约为 2084 万 kW，预计到 2030 年将增长到 3.53 亿 kW。日本在 2021 年的容量约为 100 万 kW，预计到 2030 年将增加到 1000 万 kW。目前日本已经建成以下较大的储能项目：

1. 汤浅北丰臣变电站

汤浅北丰臣变电站的电化学储能系统是一个 24 万 kW 的锂离子电池储能项目，位于日本北海道郡丰臣町。项目额定储能容量 72 万 kWh。电化学储能项目采用锂离子电池储能技术。该项目于 2018 年宣布，于 2022 年初投入使用，是日本目前最大的单一电化学储能项目。

2. 南相马变电站

南相马变电站位于日本福岛县南相马市 4 万 kW 的锂离子储能项目，额定储能容量约为 4 万 kWh。该项目是日本最早建设的万 kW 规模以上的电化学储能项目，已于 2016 年投入运营。

3. 苫小牧太阳能光伏园区

苫小牧太阳能光伏园区位于北海道，总发电装机容量 1.98 万 kW，额定容量 1.14 万 kWh。该项目已于 2018 年投入使用，该光伏园区是日本首个初建即规划储能设备的可再生能源园区。

4. 知内太阳能光伏园区

知内太阳能光伏园区同样位于北海道地区，该储能项目总装机容量 1.25 万 kW，额定容量约为 7200 kWh。

4.5 电力市场概况

4.5.1 电力市场运营模式

4.5.1.1 市场构成

日本电力市场是一个典型的区域垄断型市场。在日本，按区域划分，各区域各自建立一个集发电、输配电于一身的通用电力公共事业公司。各电力公司垄断辖区内电力供应，形成了“地区垄断”格局。在日本，这 10 家公司被称为通用电力公共事业公司，简称通用电力公司。

日本的电力产业主要也是由 10 家大型电力公司组成，分别为位于东日本的北海道电力、东北电力以及东京电力 3 家公司（50Hz），位于西日本的中部电力、北陆电力、关西电力、中国电力、四国电力、九州电力 6 家公司（60Hz），以及位于日本冲绳地区的冲绳电力公司（60Hz）。这些公司是私有的、独立性的区域电力公司，共同成立了日本电气事业联合会（FEPC），促进电力行业的协调运行。

4.5.1.2 结算模式

日本电力交易所（JEPX）成立于 2003 年 11 月 28 日，主要分为日前现货市场、远期合约市场和自由合约市场三种。

（1）日前现货市场是对第二天要交割的电量以每 30min 为一个单位进行交易，每天可划分为 48 个时间带，也就是说 48 种商品进行交易。日本电力交易方法采取的是单一价格竞价的方式，优点是能够及时响应每天电力需求的波动，维持供需平衡。

（2）远期合约市场是以此后一年内、以月为单位的电能为交易对象的市场。以一个月为单位的电能商品还分为月内全时型和月内日间型两种。月内全时型是指某月一个月期间的不分日期时段的电量交易类型；

月内日间型是指某月内除周六、周日外 8:00—22:00 的电量交易类型。此两种类型商品在一年的交易期间内形成 24 种电能交易品种，交易方式为双方议价的方式。

（3）自由合约市场是一个自由市场，指 JEPX 的交易成员通过互联网可以在 JEPX 提供的电子公示板上自由地发布和获取买卖信息，买卖双方将交割日期、电量、价格等信息发布在电子公示板上，相应地看到这类信息并感兴趣的交易者可以直接同信息发布方联系。JEPX 不对买卖方的谈判进行干涉，只对公示板上发布的信息进行管理。

4.5.2 电力市场监管模式

4.5.2.1 监管制度

经济产业省（前身是通商产业省）和改革过程中成立的中立输电系统组织对日本电力行业进行监管，监管的法律依据来自《电力事业法》，规定电力企业进行会计核算、编制财务会计报表和报送其他财务会计信息时，需要依据经济产业省的规定。

根据国家要求，电力企业在进行财务信息的记录时，应当根据服务类型对其业务进行分类。具体来讲，日本对电力企业的财务监管主要包括电力投资、会计核算和电价，目的在于避免消费者利益因为电力垄断受到损害、保证供电的可靠性、允许电力企业得到合理的投资回报。

4.5.2.2 监管对象

监管对象包括发电、输配电与电力零售等相关公司，包括通用电力公共事业公司、特定规模电力公司（PPS）、独立发电商（IPP）以及批发电力公用事业公司。

（1）通用电力公共事业公司。提供区域性的发电、输电、配电、售电的垂直一体化的电力公司。东京电力、关西电力等十大通用电力公司均为上市公司。

（2）特定规模电力公司。不同于东京电力、关西电力等通用电力公共事业公司，特定规模电力公司没有自己的输配电设备，但可以经营售电业务，其电力来源或是企业、工厂自发电的剩余电力，或是从趸购市场、独立发电商处购电，再通过通用电力公共事业公司输配电，最终将电力销售给拥有自由选择权的电力终端用户。

（3）独立发电商。是有经营自备电厂经验的钢铁、炼油等企业投资的发电公司。

（4）批发电力公用事业公司。也称趸售电公司，是由政府和通用电力公共事业公司合资成立的电力公司。

4.5.2.3　监管内容

《电气事业法》对电力行业的会计核算制度进行了详细的规定，规定范围主要包括会计科目类别、会计核算的基本原则以及相关财务报表的内容与格式。电力企业应当按照经济产业省的规定，确定其年度会计科目并对会计科目进行分类，对固定资产的取得、计量、资本性支出进行合理划分，同时将相关科目细化。

《电气事业法》规定，电力企业的服务类型包括三种，即满足一般规模需要提供的电力服务、满足特殊规模需要提供的电力服务和其他服务类型，并对不同类型的服务进行不同的会计核算。企业还需将固定资产分为公用事业和非公用事业两种。从利润表来看，企业应当区分其收入和费用是否来自电力行业，重点监管电力企业对固定资产计提折旧或计提准备。电力企业应当根据预定标准，将工资津贴、社会福利、补助等科目，分职务、分类别计入业务经费、相关业务经费、业务外经费、固定资产项目，此外，利息费应当单列而不是包括在经营费用中。

4.5.3　电力市场价格机制

日本的电价制度主要由基本电价制度和特定电价制度构成。

1. 基本电价制度

（1）容量电价制，此种电价只适用于用电极少，不值得为收取电费而装表和抄表的小用户。

（2）表价制（也称表底费制），用户按其用电量支付电费。

（3）两部电价制，按合同容量、电流或负荷确定的容量电费和按用电量计算的电量电费。日本大多数用户采用两部电价制。

2. 特定电价制度

（1）分段电价制是将用户用电量分为三段：第一段为 120kWh/月，这一段的电价被认为是生活必需的用电，电价最低；第二段为 121~250kWh/月，其电价与电力平均成本持平；第三段为 250kWh/月以上，电价最高，反映电力边际成本的上涨趋势，用以促进能源的节约，其电价较高。

（2）日本在1980年提出了季节电价制度，目的是缓解夏天高峰负荷时的供电压力。冬季高峰负荷时，公用电力公司对商业低压、高压和高压动力用户也采用季节电价制。

（3）分时电价制主要是针对工业动力和特高压动力用户执行的。各电力公司对不同用电时间段规定不同的电价。

日本的发电燃料主要依赖进口，电价也随着燃料费的变化而上下浮动。从2009年5月开始，日本的电力公司开始以月为单位来调整零售电价，以此反映它们进口燃料的价格。此前，日本零售电价是以季度为单位调整的。

4.6　综合能源服务概况

4.6.1　综合能源服务发展现状

日本是亚洲首先开展综合能源系统研究的国家。日本最早于2009年在其《长期能源供求预期》中就公布了温室气体减排目标，并设置了2020年、2030年和2050年三个审查节点。日本认为构建覆盖全国的综合能源系统、优化能源结构和提升能效、大力规模化开发可再生能源是实现气体减排目标的必经之路。在提出温室气体减排目标后，日本也多次修改了相关修订。

2017年日本“总合资源能源调查会基本政策分科会”复盘过去数次的《能源基本计划》；经济产业省也设置“能源情势恳谈会”，并于2018年4月提出能源转型的倡议，提议多目标跟踪情境（multiple-track-scenario）实现碳中和方针，即2030年电源结构目标仍设定为可再生能源占比22%~24%、核能占比20%~22%、火力发电占比56%，温室气体较2013年度减量26%。而在2021年的《能源基本计划》（第六期）中，日本再次更新了减排目标，明确在2030年实现削减46%、甚至达到更高的50%的目标。在政府如此积极的推动下，日本的主要能源研究机构均投入到了综合能源系统的研究中。

4.6.2　综合能源服务特点

日本综合能源系统的建设主要是在社区综合能源系统（包括电力、

燃气、热力、可再生能源等）基础上，将交通、供水、信息和医疗系统集成到一体化综合能源系统中。日本城市社区人口较为密集，可供利用的可再生能源有限，综合能源系统仍需要电网的输入才能满足用户需求，因此，日本综合能源系统的电网接入方式多采用并网不上网的模式。

日本因其本土能源资源匮乏和低碳意识强的特点，对于综合能源系统和温室气体减排的研究额外重视。日本将实现温室气体的减排目标寄托于综合能源系统和可再生能源，构建了全国的综合能源系统，旨在提升能效和优化能源结构。

4.6.3 综合能源服务企业

4.6.3.1 东京电力公司

1. 公司概况

东京电力公司于2012年开始向综合能源服务商的方向进行战略转型。起初，东京电力公司主要通过旗下的服务公司与本国其他能源企业联合开展综合能源服务，主要以电力和燃气一站式的服务方案为主。后续随着日本温室气体减排目标的确立，其综合能源服务逐步走向了可再生能源领域。在2016年日本全面开放电力零售市场后，东京电力公司也进行了业务重组，成立了专门的综合能源服务子公司，通过整合东京电力公司内部相关资源，为客户提供多种电力能源产品及新型能源服务。

在综合能源服务方面，东京电力公司各子公司下设立有专门的综合能源开发部门，负责各子公司经营范围内的综合能源项目落地和执行工作。同时东京电力公司总部还设立有电力研究院，综合能源相关的课题便是由研究院进行立项，并交由各子公司进行落地。

研究院下设有以下六个办公室：

（1）研发管理办公室，负责统筹管理研究院的总体工作进展。

（2）福岛核设施关闭小组，成立于福岛核事故后，专门负责为福岛核电站关闭提供技术支持。

（3）管理策略研究办公室，负责电力管理体系相关的研究工作。

（4）技术研发办公室，负责实际的技术研发工作，是研究院中最大的办公室，其中又下设输配电研究小组、用户侧研究小组、材料和化工研究小组、环境研究小组等，负责不同领域的技术研发工作。

（5）知识产权办公室，负责管理和申请相关研究专利。

（6）资源整合办公室，负责研究所的外部活动、商务对接工作。

2. 综合能源相关战略

东京电力公司的综合能源服务主要涵盖家庭节能管理、商业节能管理、智慧能源解决方案、清洁能源、需求响应等业务。这类业务的核心在于两个方面：一是搭建公平、中立，旨在接入可再生能源的输配电力网络；二是搭建物联网平台，通过可视化工具，提供用电信息服务。

为了更好利用自身作为发输配售一体化平台的优势，东京电力公司于 2018 年 2 月成立 Energy Gateway 公司，并引入战略合作伙伴 Informeties 公司（持有 Energy Gateway 公司 40% 股权，负责提供核心技术）。该公司基于物联网平台，利用非入户式负荷分离技术对用户用电信息进行收集，形成商业化的用电数据。Energy Gateway 公司一方面对用户能源管理系统进行规划和设计，另一方面将信息进行分析和加工，提供给其他服务型企业，这些服务型企业可以进一步为用户提供包括能源服务、能源管理服务、警备等多种服务。通过收集用户信息并加以分析同时进行精准推送，Energy Gateway 公司转型成为一家类电商的平台公司，作为沟通上游服务型企业以及下游用户的中间商，公司拥有核心数据资产，在面向下游时具备强势地位，盈利“护城河”也更加坚固。Energy Gateway 公司物联网平台服务模式见图 4-10。

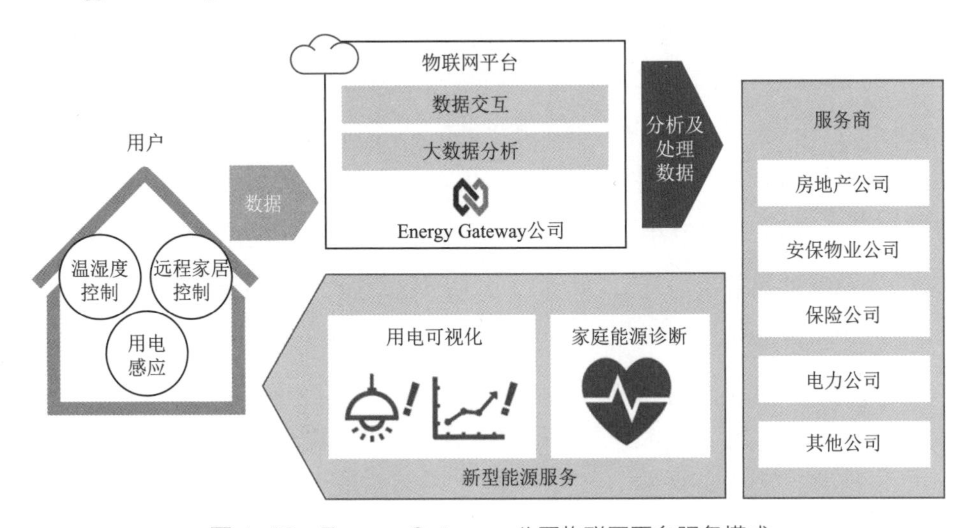

图 4-10　Energy Gateway 公司物联网平台服务模式

4.6.3.2 J-Power电源开发有限公司

1. 经营情况

日本电源开发有限公司（Electric Power Development Co.，Ltd.）英文名J-Power，是日本的一家电力公司，公司总部位于日本东京，成立于1952年9月16日。公司主要从事日本国内的化石能源和水电站的开发、运营、维护工作，是日本的主要发电商之一。日本电源开发有限公司基本情况见表4-4。

表4–4 日本电源开发有限公司基本情况

公司名称	日本电源开发有限公司
英文名称	J-Power
成立日期	1952年9月16日
收入规模	10846亿日元（2021年末）
总资本金	1805亿日元（2021年末）
员工人数	1785人（2021年末）

日本电源开发有限公司目前运营有60多个水电厂和12个火电厂。总装机容量18226MW，与日本四国电力发电公司和日本东北电力公司相当，是日本五大发电集团之一。此外，公司的火电装机容量排名日本第一，共9117MW。公司拥有日本最先进的燃煤发电机组，热效率也达到了世界一流的水平。

日本电源开发有限公司的子公司J-Power输电公司还涉足部分输配电业务，公司在日本本州和九州之间运营有一条全资的输电线路，同时持有北海道和本州之间的跨海输电线路75%的所有权。

自2018年以来，随着日本“双碳”目标的提出，日本电源开发有限公司也开始逐步重视除水电外的可再生能源的开发工作，特别是陆上风电和海上风电的开发工作。经过数年的开发，截止到2021年，公司已经开发了23个风力发电项目，总装机容量约579MW，一跃成为日本第二大风力发电开发企业。

2. 管理架构

日本电源开发有限公司除后台的行政管理部外，设有8大业务部门，分别为土木建筑部、技术开发部、国际业务部、水力发电部、陆上风电部、海上风电部、火力发电部、核能发电部。详细组织架构见图4-11。

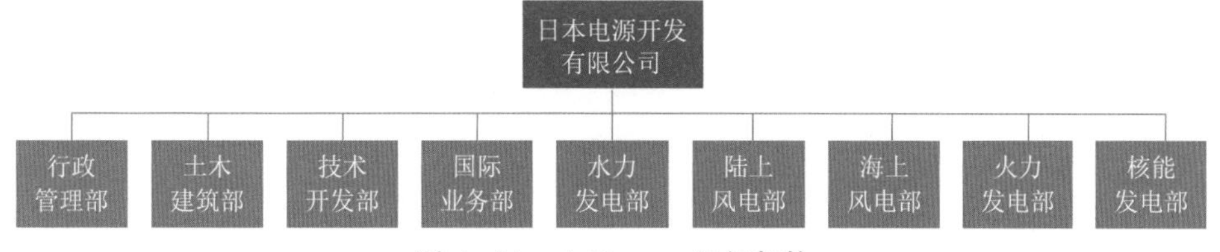

图 4-11　J-Power 组织架构

（1）土木建筑部：主要负责公司各类发电项目的工程设计、施工、维护工作。

（2）技术开发部：负责公司各类系统及综合能源技术的开发工作，也是公司开展综合能源业务的主要技术支持部门。

（3）国际业务部：公司的国际业务部门，负责公司海外项目的谈判及开发工作。公司在海外主要以工程咨询的方式进行业务拓展，主要在东南亚地区开展业务。

（4）水力发电部：负责公司目前 61 个水电站的维护、运营工作。

（5）陆上风电部、海上风电部：公司近期组建的相关部门，除了存量的风电场运行和维护外，还负责公司风电网络的建设工作，与技术开发部联合开发综合能源管理系统，对风电能源做出更有效的管理和效率提升，并将风电作为公司脱碳的核心能源。

（6）火力发电部：维护公司的火电厂，持续提高内燃机效率，与技术开发部联合进行新型综合火力发电设施的开发工作，并且联合风力发电的余电进行电解水制氢，并将氢能逐步导入火电设施，降低火力发电的含碳水平。

（7）核能发电部：负责当前公司在建的大型核电站的工程进度管控、施工安全以及后续的运营维护工作。

3. 综合能源相关战略

日本电源开发有限公司作为日本最大的火力发电商，在日本提出“双碳”规划后一直致力于煤气复合化发电技术，通过煤气复合发电进一步提高效率，以减少与煤炭使用相关的二氧化碳排放。该技术旨在实现最终的高效发电，它结合了燃气轮机和蒸汽涡轮机，利用废热发电，通过“煤气化燃料电池联合发电（IGFC）”技术，将燃料电池与可燃气体相结合，燃烧产生的气体发电。此外，J-Power 的氧气气化技术（IGCC）具有高效分离和回收二氧化碳的功能，可经济地实现火力发电二氧化碳的零排放。

J-Power与日本中国电力有限公司合作，在广岛县大崎上岛推进大崎高金项目。该项目为三阶段示范项目，计划将氧气气化技术、IGFC技术以及CO_2分离和回收技术商业化。

在第一阶段的氧气气化技术示范试验中，作为170MW级示范工厂，发电效率达到了51.9%，已经达到世界最高水平。此外，该试验还实现了显著超过目标的负载变化率，并证明能够快速灵活地应对输出变化，有助于弥补受季节、时间和天气影响的可再生能源的波动，由此实现并支持高比例可再生能源下的电网负荷的平滑化。

目前，日本电源开发有限公司正在开始对二期CO_2分离和回收技术进行示范测试，该技术将CO_2分离和回收技术与氧气气化技术相结合，由此实现零碳排放。公司计划将在2023年开展世界上第一个第三阶段的二氧化碳分离和回收IGFC示范项目。

另外，在战略层面，日本电源开发有限公司于2021年发布了“蓝色任务2050技术路线图”（Blue Mission 2050），详细技术路线见图4-12。计划在2050年实现完全的碳中和发电，并将2030年作为里程碑，减少40%的碳排放水平。

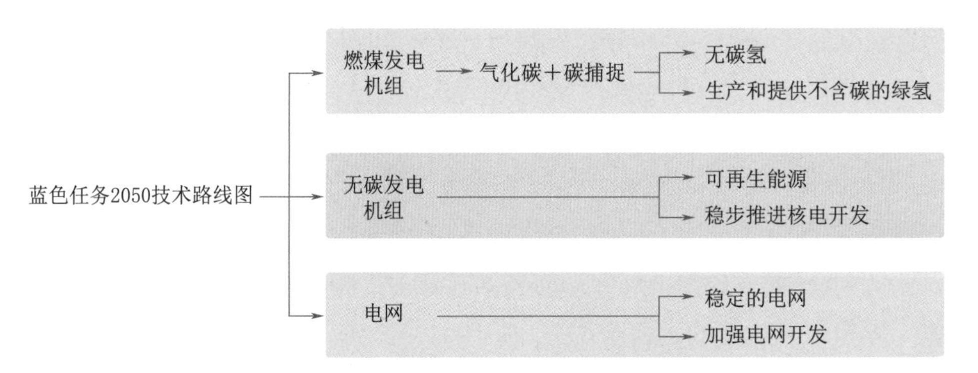

图4-12　蓝色任务2050技术路线图

蓝色任务2050计划目标见图4-13。该计划旨在以经济合理的方式在早期阶段应用新技术，同时减少对环境的影响，不仅引入新设施，而且将现有管理资源升级（创造性地转换）为高附加值资源。此外，日本电源开发有限公司也制定了技术路线图，使技术创新能够在社会中快速落地，并以里程碑式的方式稳步前行。例如，公司将对预计将淘汰的燃煤电厂进行升级改造，增加新技术，如煤气化和生物质氨共烧，发挥综合能源系统的优势。

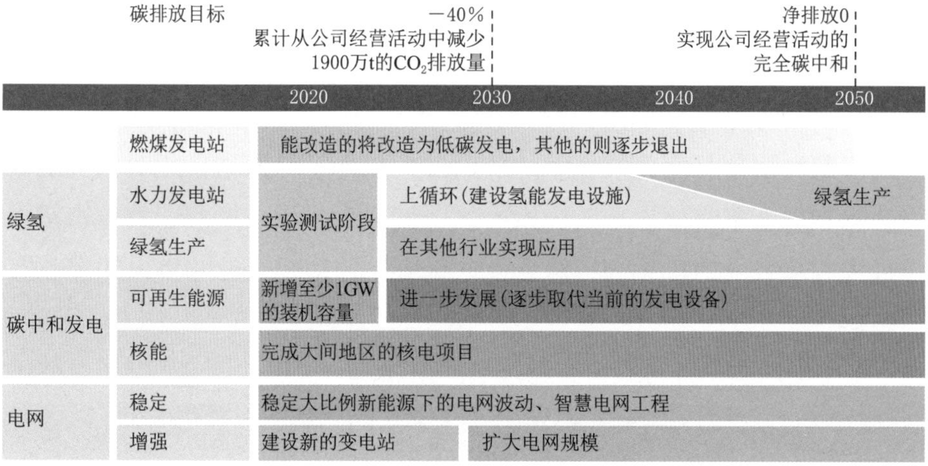

碳排放目标		−40% 累计从公司经营活动中减少1900万t的CO_2排放量		净排放0 实现公司经营活动的完全碳中和
	2020	2030	2040	2050

	燃煤发电站	能改造的将改造为低碳发电，其他的则逐步退出	
绿氢	水力发电站	实验测试阶段	上循环（建设氢能发电设施） 绿氢生产
	绿氢生产		在其他行业实现应用
碳中和发电	可再生能源	新增至少1GW的装机容量	进一步发展（逐步取代当前的发电设备）
	核能	完成大间地区的核电项目	
电网	稳定	稳定大比例新能源下的电网波动、智慧电网工程	
	增强	建设新的变电站	扩大电网规模

图 4-13　蓝色任务 2050 计划目标

计划指出，日本电源开发有限公司将进一步加快推进水电、风电、地热能等可再生能源发展，并在全国范围内布局。无二氧化碳产生的氢能发电可快速响应电网需求，并储存和利用可再生能源剩余电力产生的氢气，减轻可再生能源产量波动对电网的影响。公司还将为改善电力网络做出贡献，以将偏远地区分布不均的可再生能源产生的电力输送到高消费地区，从而帮助加快日本可再生能源的发展。

4.6.4　综合能源服务项目案例

智能社区联盟（Japan Smart Community Alliance，JSCA）是日本最早启动的综合能源系统工程之一，也是最能体现日本综合能源管理特点的重点工程。该项目立项于 2010 年，其主要致力于智能社区技术的研究与示范。JSCA 成员包括电力公司、大学以及日本各地方政府。目前 JSCA 的成员数量约 300 名。同时，JSCA 也有大量的国际性交流活动，并与中国、韩国等国的类似组织签署了谅解备忘录。

JSCA 目前为止开展的最大项目是横滨的智慧城市项目，项目概况见表 4-5。作为 JSCA 的初始成员之一，横滨市正计划通过对现有基础设施和生活设施的智能化改造来验证横滨型智能城市模型的实用性，以期为今后国内外（特别是发展中国家）大中型城市的智能化建设提供蓝本。该项目对以横滨市为代表的大中型城市在进行智能化改造时所面临的一些共同课题进行了探讨，着重从规模性、效率、先进性和满意度四个方面来提供解决方案。规模性方面，在新建基础设施的同时充分考虑配套信息系统的可扩张性；效率方面，横滨智慧城市项目将设备的建设和运行维护等各方面的都市整体解决方案融合在一起，最大限度地提高既有城市基础设施的利用效率，从而提高智能城市的建设速度；先进性方面，横滨智慧城市项目除先进技术的应用外，致力于增强造价相对低廉的成熟技术在智能城市建设中的应用效果；满意度方面，横滨智慧城市项目将最大程度鼓励居民参与“绿色人居提案”，组织企业和市民团体参与社区建设。

表 4–5　　　　横滨智慧城市项目概况

项目名称	横滨智慧城市
所在地	日本神奈川县横滨市
开发主体	横滨市政府及松下集团主导的五家企业联盟
工程预算	740 亿日元（约合 40 亿元人民币）
开发面积	$60km^2$
区内人口	386 万人（实际参与改造人口 42 万人）
关键技术	大量导入 HEMS 等综合能源管理系统； 建设分布式光伏发电及城市废热利用系统； 建设电动汽车充电基础设施
特征	亚洲范围内在建的最大规模的智能社区的实证工程；涵盖了从公共设施到家庭内电气的所有人居环境；为大中型城市的智能化改造和建设提供蓝本

横滨智慧城市项目预计，相比 2010 年 60% 的减排目标，在 2025 年前实现 30% 的减排目标。为实现这些目标，横滨智慧城市项目也引入了大量的相关技术支持，主要如下：

（1）大规模可再生能源的导入。通过在区内使用可再生能源、向市内的公共设施提供太阳能设备以及为区内楼宇安装河水热泵等措施达到在 2020 年前可再生能源占一次能源总供给量 10% 以上的目标，从而实现温室气体的减排。

（2）向一般家庭提供家庭能源管理系统（HEMS）。通过在区内导入 HEMS 系统和在集团住宅内安装燃料电池和蓄电池等能源管理设备，实现家庭内的可再生能源最适管理，提高能源利用效率，以达到减排目的。

（3）向物业管理公司提供楼宇能源管理系统（BEMS）。和面向一般家庭一样，通过向区内的物业管理公司提供 BEMS 系统、楼群能源管理系统和城区间联动控制系统，实现单个楼宇或者楼宇群的最适能源管理，提高能源利用效率，以达到减排目的。

（4）区域热能管理系统。向区域内现有暖通空调系统内导入光能利用系统、BEMS、发电站废热利用系统、含热能水源系统，并通过优先使用光热能来弥补区内电力供给不足等问题，从而实现区域内最适热能管理系统的建设。

（5）电动化交通。加强电动汽车基础设施建设，通过在公共领域普及电动化交通设备、倡导利用公共交通等手段，提高交通系统的能源利用效率，实现交通运输领域的温室气体减排。

第5章

▪ 沙特阿拉伯

5.1　能源资源与电力工业

5.1.1　一次能源资源概况

沙特阿拉伯一次能源储量十分丰富，以石油和天然气资源为主，其中全国石油储量达366亿t，位居全球第二，占全球探明储量的15.2%；天然气储量亦达约9.4万亿m^3，位居全球第六。但除此以外，沙特阿拉伯其他自然资源十分贫瘠，并未有相关煤炭和矿藏储量，因此沙特阿拉伯也是全球一次能源储量种类最为单一的国家。根据2022年《BP世界能源统计年鉴》，沙特阿拉伯一次能源消费量达到了25859.8万t油当量，其中石油达到15750.1万t油当量，天然气达到10085.8万t油当量。

5.1.2　电力工业概况

5.1.2.1　发电装机容量

由于沙特阿拉伯石油产量极为丰富，发电成本极低，因此沙特阿拉伯全国发电厂均为石油/天然气发电厂，并且沙特阿拉伯主要按照发电方式对装机容量进行分类。据统计，截至2020年，沙特阿拉伯全国总装机容量88.6GW，蒸汽轮机发电与燃气轮机发电装机容量占比较高，分别为40.7%与39.5%，联合循环电站则排名第三，共17.2GW，装机容量占比19.4%。沙特阿拉伯2020年发电装机容量见图5-1。

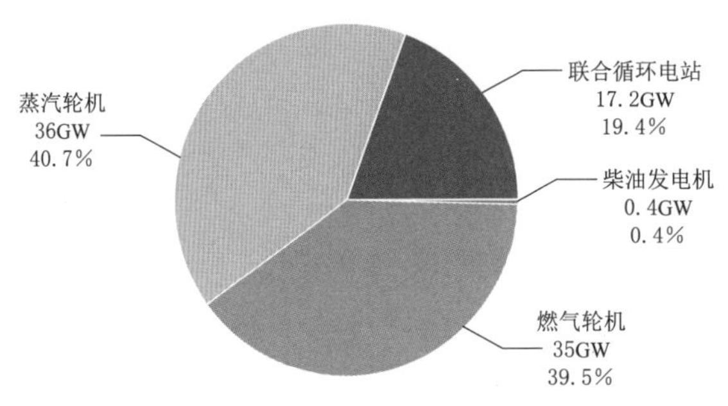

图5-1　沙特阿拉伯2020年发电装机容量

沙特阿拉伯 2016—2020 年各类型发电电源装机容量见图 5-2。从历史数据上看，沙特阿拉伯全国装机容量实现稳步增长，2020 年全年实现装机容量 88.6GW，较上一年提升近 0.8GW，较 2016 年提升 18GW。另外，值得注意的是，沙特阿拉伯正逐步提高更加环保的蒸汽轮机在装机容量中的比例，占比从 2016 年的 36.7% 提升至 2020 年的 40.6%，并且已经超过燃气轮机。

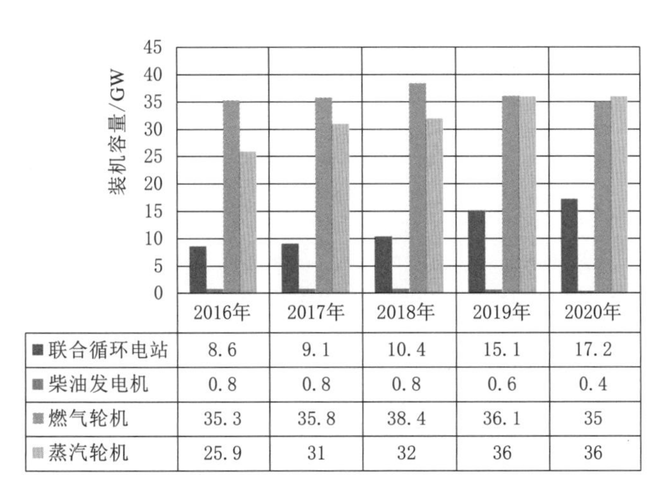

	2016年	2017年	2018年	2019年	2020年
■联合循环电站	8.6	9.1	10.4	15.1	17.2
■柴油发电机	0.8	0.8	0.8	0.6	0.4
■燃气轮机	35.3	35.8	38.4	36.1	35
■蒸汽轮机	25.9	31	32	36	36

图 5-2 沙特阿拉伯 2016—2020 年各类型发电电源装机容量

5.1.2.2 电力消费情况

沙特阿拉伯有四大主要用电部门，分别为居民用电、工业用电、公共事业用电、商业用电及其他。截至 2020 年，沙特阿拉伯全国用电量为 298.1TWh，其中居民用电 143.1TWh，占比 48.0%；商业用电 48.4TWh，占比 16.2%；工业用电 54.9TWh，占比 18.4%；公共事业用电 38.7TWh，占比 13.0%；其他用电 13.0TWh，占比仅 4.4%。2020 年沙特阿拉伯用电量结构见图 5-3。

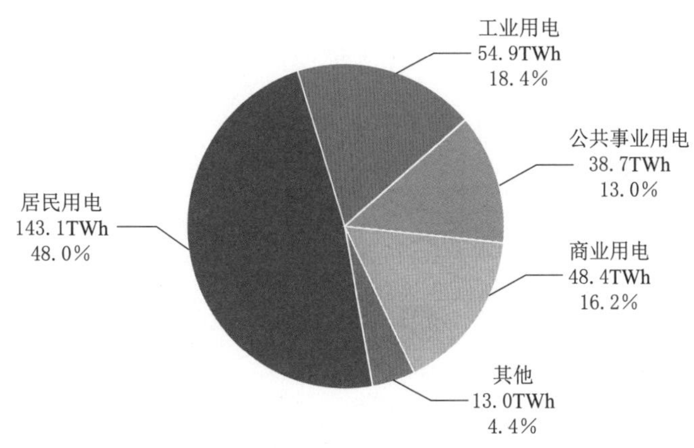

图 5-3 2020 年沙特阿拉伯用电量结构

5.1.2.3 发电量及构成

据统计，2020 年全年沙特阿拉伯国内发电量为 356TWh，较 2018 年上升 38TWh。据了解，城市用电接近普及，但农村地区用电普及率仍然停留在大约 80%，总共约有 3600 万人无电可用。沙特阿拉伯历年发电量见图 5-4。

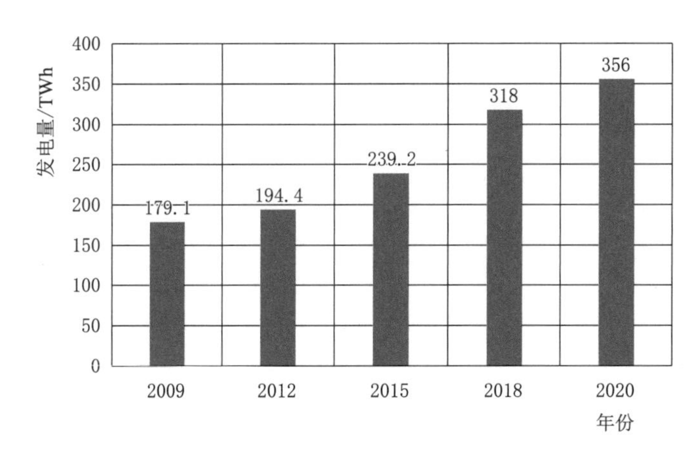

图 5-4 沙特阿拉伯历年发电量

5.1.2.4 电网结构

沙特阿拉伯全国输电网共分为西部、中部、东部及南部四大区域，电压等级有 380kV、230kV、132kV、115kV 以及 110kV。截至 2018 年，沙特阿拉伯全国输电线路长度约 76323km，其中 380kV 电压等级线路长度 34114km，230kV 电压等级线路长度 4388km，132kV 电压等级长度 24752km，115kV 电压等级长度 5102km，110kV 电压等级线路长度 7967km。沙特阿拉伯各电压等级输电线路长度见图 5-5。

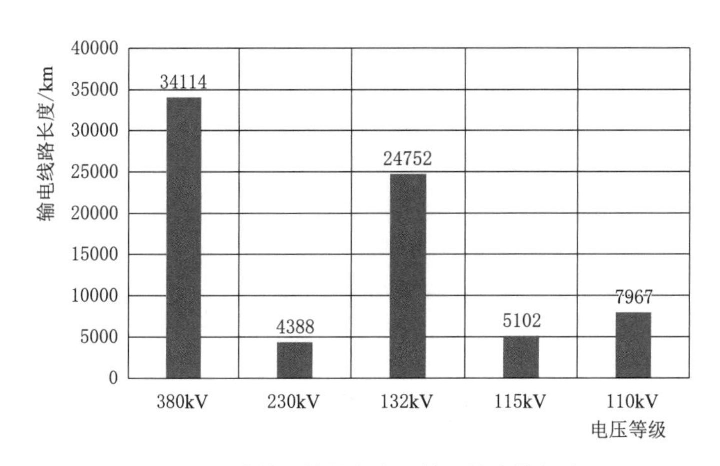

图 5-5 沙特阿拉伯各电压等级输电线长度

5.1.3　电力管理体制

5.1.3.1　机构设置

沙特阿拉伯电力行业一切环节都属于国家所有。沙特阿拉伯于 2005 年对《电力法》进行了修订，规定沙特阿拉伯电力和热电监管局（The Electricity & Cogeneration Regulatory Authority，ECRA）为沙特阿拉伯最高的电力监管机构。

5.1.3.2　职能分工

沙特阿拉伯电力行业监管部门机构设置见图 5-6。

（1）沙特阿拉伯电力和热电监管局。沙特阿拉伯主要的能源和电力监管部门，负责电力和能源行业的立法、监管等工作。

（2）沙特阿拉伯能源效率中心。独立组织，负责沙特阿拉伯国内电力系统研究，包括可再生能源开发、发电输电技术研究等，旨在提高能源利用效率。

（3）沙特阿拉伯国家电力公司。沙特阿拉伯国内最大的电力公司，负责国内大部分的发电厂、输电线以及配电站的管理、运营工作。

（4）Marafiq 电力公司。沙特阿拉伯国内第二大的电力公司，为私营企业，业务范围涵盖了发输配电各环节。

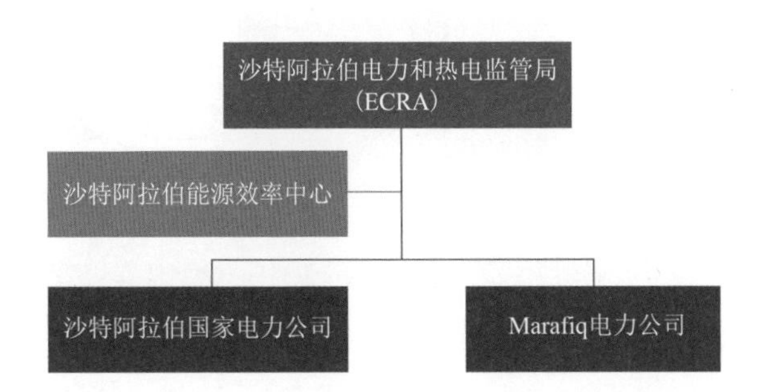

图 5-6　沙特阿拉伯电力行业监管部门机构设置

5.1.4　电网调度机制

沙特阿拉伯采取全国调度的机制，不设地方电网，电力统一由沙特阿拉伯国家电力公司来进行调度，负责各地的电力调度事务。

5.2 主要电力机构

5.2.1 沙特阿拉伯国家电力公司

5.2.1.1 公司概况

1. 总体情况

沙特阿拉伯国家电力公司（Saudi Electricity，SEC）是海湾地区最大的公用事业电力公司，于 2000 年 5 月 4 日成立，在《福布斯》2014 年全球企业 2000 强中位居第 492 位。

2. 经营业绩

沙特阿拉伯国家电力公司 2015—2018 年经营业绩见图 5-7。公司 2018 年营业收入 170.8 亿美元，毛利 15.8 亿美元，毛利率 9.2%。总体营业收入较上一年大幅上涨，增加 35.6 亿美元，涨幅为 26.4%。这主要得益于沙特阿拉伯国内的政策支持，使公司能够对电力市场进行垂直整合，有效提升了公司的营业收入。

图 5-7 沙特阿拉伯国家电力公司 2015—2018 年经营业绩

5.2.1.2 历史沿革

沙特阿拉伯国家电力公司成立于 2000 年，由沙特阿拉伯中部、东部、西部及南部电力公司合并而成，当时沙特阿拉伯国家电力公司仅负责沙特阿拉伯国内的发电和配售电业务，而电网运营工作则由沙特阿拉伯国家电网公司负责。

2012 年，沙特阿拉伯国家电力公司在政府的推动下，完成了对沙特阿拉伯国家电网公司的整合，由此沙特阿拉伯国家电力公司成为了沙特阿拉伯国内集发、输、配、售一体的国有垄断公司。

2014 年，沙特阿拉伯国家电力公司开展了能源交易及投资业务，以支持公司对沙特阿拉伯国内小型发电企业进行进一步整合和对外投资。

5.2.1.3 组织架构

沙特阿拉伯国家电力公司采取事业部制的组织架构，分别设有发电事业部、输配电事业部、能源投资事业部以及战略发展中心。详细组织架构见图 5-8。

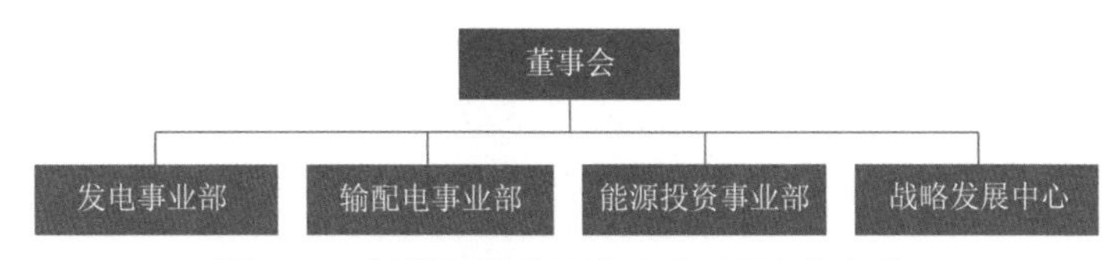

图 5-8 沙特阿拉伯国家电力公司组织架构

（1）发电事业部负责管理、运营、维护公司旗下的发电设备，并负责电站的新建、规划、设计等工作。

（2）输配电事业部主要负责公司输电线路的运营、维护及管理工作，同时负责新的输电线路的规划事务。

（3）能源投资事业部主要负责公司的对外投资和收购事宜。

（4）战略发展中心负责公司未来发展战略计划的起草和制定。

5.2.1.4 业务情况

1. 发电业务

沙特阿拉伯国家电力公司共管理和运行约 789 座发电机组，其中燃气轮机组 507 座，蒸汽轮机组 124 座，联合循环机组 122 座，柴油发电机组 36 座。总装机容量 58GW，占全国装机容量的 65%。沙特阿拉伯国家电力公司发电机组数量分布见图 5-9。

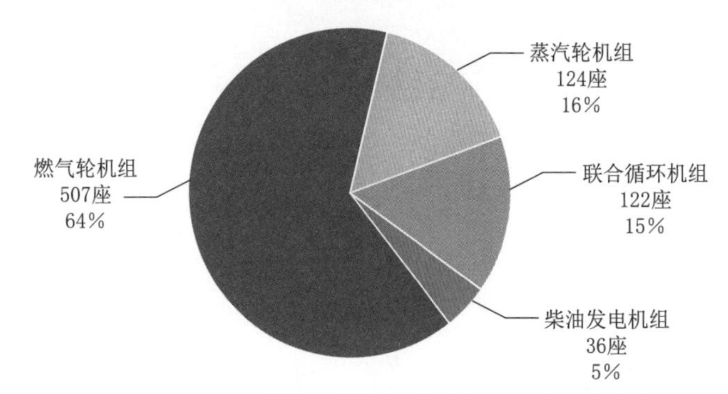

图 5-9 沙特阿拉伯国家电力公司发电机组数量

2. 输电业务

沙特阿拉伯国家电力公司共管理 76023km 的输电线路，其中 380kV

线路占绝大多数，共34028km，其次为132kV，共24752km，110kV线路长度为7967km，115kV线路长度为4888km，230kV线路长度为4388km。沙特阿拉伯国家电力公司管理各电压等级电网线路长度见图5-10。

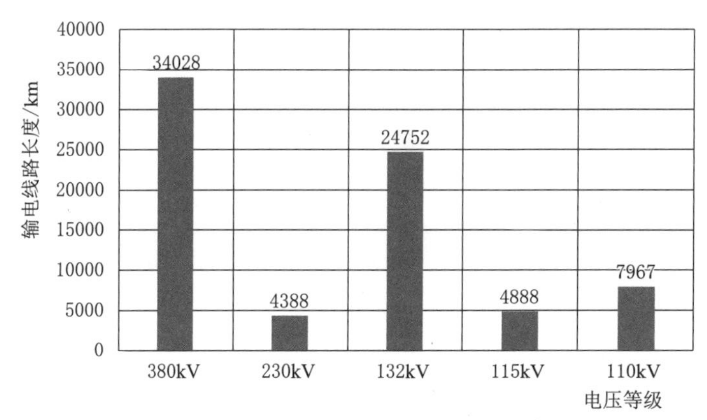

图5-10　沙特阿拉伯国家电力公司管理各电压等级电网线路长度

3. 配电业务

沙特阿拉伯国家电力公司2018年共有客户904.8万户，其中居民客户占绝大多数，共708.9万户；其次为商业客户，约156.8万户；公共事业客户排名第三，共26.8万户；工业客户最少，仅1.1万户。沙特阿拉伯国家电力公司客户数量分布图见5-11。

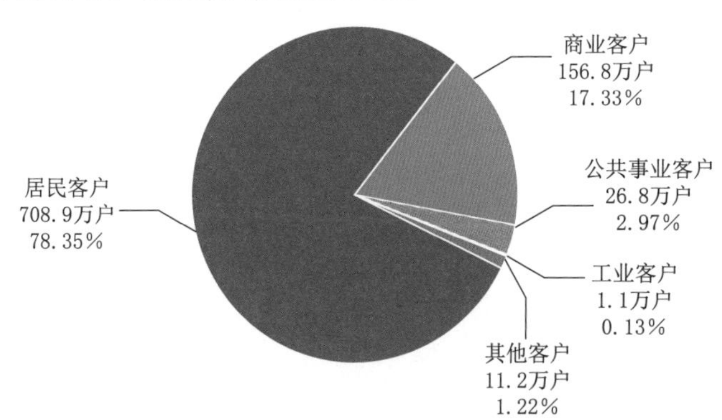

图5-11　沙特阿拉伯国家电力公司客户数量分布图

5.2.1.5　科技创新

沙特阿拉伯国家电力公司十分重视能源创新工作，旗下共设立了四大实验中心以及一个创新孵化器。

（1）达兰科技谷传输与数字仿真研究中心。该中心负责最新的电网及变电设施的研究，共有44个数字处理单元实验室，是世界上最大的模拟电网之一。

（2）利雅得可再生能源研究中心。该中心与沙特阿拉伯国王大学合作，重点攻克可再生能源，特别是太阳能的先进发电技术。

（3）智能电网研究中心。该中心专门负责进行电网自动化和分布式电网技术研究。

（4）阿卜杜拉国王科技大学发电和燃油效率研究中心。该中心是与阿卜杜拉国王科技大学合作成立的研究中心，旨在提高火力发电装置燃油效率，增强燃油灵活性，减少有害气体排放。

（5）创新能源孵化器。该孵化器成立于2017年，由沙特阿拉伯国家电力设立专项基金来支持电力相关行业的创新研究项目。

5.3 碳减排目标发展概况

5.3.1 碳减排目标

沙特阿拉伯于2021年宣布计划在2060年实现温室气体“净零排放”。到2030年可再生能源发电量占总发电量的50%。

5.3.2 碳减排政策

目前沙特阿拉伯暂时还没有以法律形式确定执行的碳减排项目，国家没有出台强制性的要求和措施。沙特阿拉伯的碳减排计划绝大部分是以政府倡议、行政计划、商业计划等形式存在的，主要包括有《循环碳经济国家计划》《沙特绿色倡议和绿色中东倡议》以及《国家可再生能源计划》。

（1）《循环碳经济国家计划》。该计划和随附的框架旨在实现沙特阿拉伯的循环经济功能。它遵循4R逻辑（Reduce，Reuse，Recycle，Redundancy）：减少（二氧化碳和温室气体作为副产品的产生）、再利用、回收和去除。该计划侧重于创新技术的使用。

（2）《沙特绿色倡议和绿色中东倡议》。该倡议包括到2030年沙特阿拉伯50%的能源来自可再生能源的计划，并种植100亿棵树。据报道，该计划还涉及与其他中东领导人就该倡议进行合作。

（3）《国家可再生能源计划》。该计划旨在最大限度地发挥该国可再生能源的潜力。它设定了政府的愿景，使能源多样化，刺激可持续增长并减少温室气体排放。

5.3.3 碳减排目标对电力系统的影响

沙特阿拉伯近年来开始大力推广太阳能发电。沙特阿拉伯近年太阳能发电装机容量见图5-12。据统计，2015年，沙特阿拉伯全国运行中的太阳能发电总装机容量仅为74.0MW。但截至2017年，沙特阿拉伯全国运行中的太阳能发电装机容量已共约142.0MW，是2015年的1.92倍。但近年来，沙特阿拉伯并未有相关的太阳能电站建成并运行，因此截至2020年，沙特阿拉伯国内的太阳能发电装机容量依旧维持在142.0MW的水平。随着2021年部分项目的竣工，沙特阿拉伯的太阳能发电装机容量已经增长至472.0MW，但占全国总发电装机容量的比例依旧很低，仅1%。

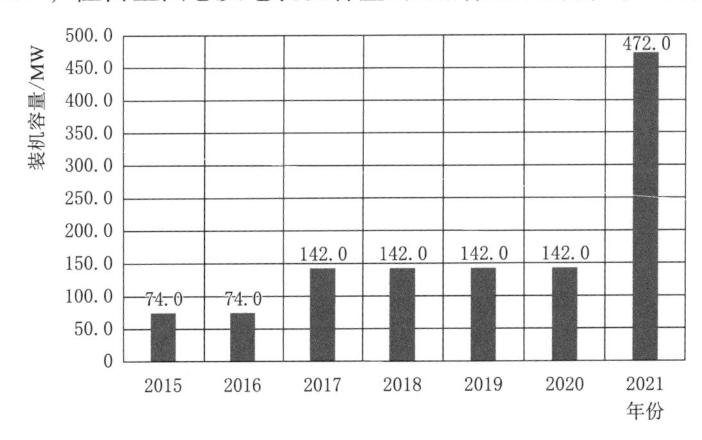

图5-12 沙特阿拉伯近年太阳能装机容量

从时间上来看，沙特阿拉伯近几年太阳能发电量的增长虽然迅速，已从2015年的45.9GWh增长至2021年的830.4GWh，增长高达17倍，但依旧仅占全国总发电量的极小部分。2021年沙特阿拉伯全国总发电量共356TWh，以太阳能为主的可再生能源仅占总发电量的0.2%。沙特阿拉伯近年太阳能发电量见图5-13。

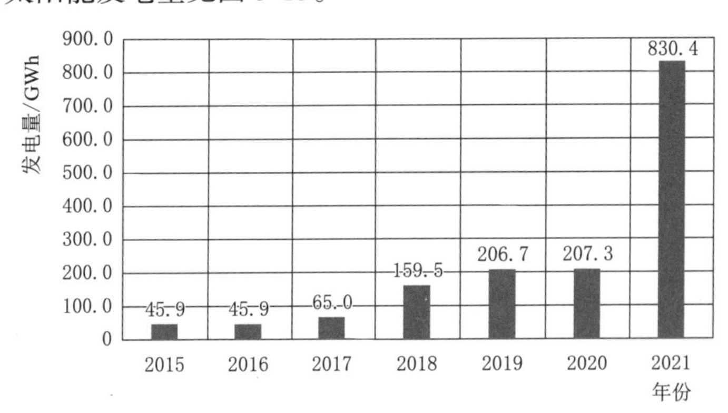

图5-13 沙特阿拉伯近年太阳能发电量

5.3.4　碳减排相关项目推进落地情况

为了追赶全球能源碳中和化的大趋势，沙特阿拉伯政府计划设立总额约 500 亿美元的能源战略转型基金，旨在支持国内的新能源转型，为新能源开发企业提供相关的绿色债券和绿色保险等新产品，部分资金也将用于投资新兴市场的可再生能源开发项目，并建立新兴市场绿色金融中心。

沙特阿拉伯还计划实施一系列的发电补贴政策。据了解，目前沙特阿拉伯的居民用电成本在 0.30 里亚尔 /kWh 左右，远低于当前沙特阿拉伯的新能源发电成本。因此，为了推广可再生能源电力，沙特阿拉伯一方面计划提升关税和发电燃料价格，另一方面计划对新能源发电企业进行发电补贴。

沙特阿拉伯政府已提出《2030 新能源展望》（简称《展望》），旨在为沙特阿拉伯未来 20 年的能源发展提出指导性和方向性意见，在最大程度上代表了沙特阿拉伯政府未来的能源规划愿景。

《展望》中提到，沙特阿拉伯计划五年短期内实现 27.3GW 的可再生能源发电装机容量，其中 20GW 为光伏发电装机容量，7.3GW 为风力发电装机容量，并持续增长，最终在 2030 年在全国实现共 58.7GW 的可再生能源发电装机容量，其中光热发电装机容量为 2.7GW，光伏发电装机容量为 40GW，风力发电装机容量为 16GW，可再生能源的发电装机容量占全国总装机容量的 50% 以上，预计能够减少约 40% 的化石燃料消耗。另外，沙特阿拉伯还计划在 2030 年在全国建设 48 座发电园区，其中包括 4 座光热发电园区、33 座光伏发电园区以及 11 座风力发电园区。

《展望》中提到，未来的可再生能源发展所需资金将主要来自于本国的主权财富公共投资基金（Public Investment Fund，PIF），该基金约 80% 的资金来自于沙特阿拉伯政府的直接注资，15% 来自于本国的民间投资者，5% 来自于外国的投资者。据了解，由于油价持续走低，沙特阿拉伯政府财政吃紧，因此预计将进一步提升外国投资者在 PIF 中的占比。

沙特阿拉伯政府同样寄希望于可再生能源开发计划为本国经济带来振兴，通过增加可再生能源对国家电力结构的贡献，使从能源部门获得的价值最大化，减少国内碳氢化合物例如石油、天然气等的消费，从而为资源出口腾出更多空间。可再生能源开发计划预计将提升 510 亿美元的 GDP，并直接为全国提供 13.7 万的工作岗位，同时还将提升 400 亿 ~600 亿美元的出口金额。

此外，除太阳能之外，沙特阿拉伯还将氢能作为其清洁能源发展的重点抓手。根据《展望》，沙特阿拉伯将推动氢能生产链本地化，并成为全球清洁氢能供应商。截至 2021 年沙特阿拉伯已经出口了世界首批约 40t“蓝氨”，并计划扩大和加强与中国在天然气制氢和制氨、合成燃料以及碳捕获利用和储存方面的合作。

沙特阿拉伯在氢能推广上也面临了一定的挑战。在市场层面，虽然沙特阿拉伯有意开拓全球氢能市场，但传统化石能源仍占据主导地位。2019 年全球原油出口额为 9860 亿美元，氢气出口额仅为 100 亿美元。当前全球能源类基础设施基本围绕传统化石能源，若要大力推动氢能普及，各国政府和企业需在电网构建、港湾建设、管道铺设、补给站建造等诸多方面投入大量资金，培育巨大的全球氢能市场任重道远。

在技术层面，当前制氢过程仍易引发环境问题。“绿氢”生产依赖纯净水或去离子水电解，沙特阿拉伯淡水资源匮乏，需利用淡化海水为“绿氢”生产提供原料。沙特阿拉伯海水淡化仍依赖传统化石能源，且过程中产生的高盐废水易引发海洋环境问题，如何实现倡议中提到的陆地、海洋和沿海环境的保护仍需进一步探索。

在《展望》的框架下，沙特阿拉伯在发展新能源方面已经取得了较大的进展。面对国际能源转型倒逼国内改革以及稳定国内政治局势的压力，沙特阿拉伯的决策者在推动新能源替代传统能源的问题上形成了普遍共识，这对沙特阿拉伯发展新能源具有积极意义。

5.4 储能技术发展现状

沙特阿拉伯是中东北非地区最大的经济体和全球前 20 大经济体之一，也是世界上最大的石油资源储藏国和出口国之一。自 2016 年实施《展望》以来，沙特阿拉伯经济多元化发展已大势所趋。大力发展新能源和储能系统，既是沙特阿拉伯摆脱石油资源依赖、实现经济多样化的现实需求，也是沙特阿拉伯政府遵守《联合国气候变化框架公约巴黎协定》、实现碳中和承诺的必然选择。

沙特阿拉伯设立了在2030年可再生能源发电量占50%的目标，但是由于可再生能源本身具备较大的间歇性，沙特阿拉伯需要培育发电高峰时段存储多余能源的能力。

目前沙特阿拉伯的相关储能政策主要作为可再生能源发展的配套政策而存在，而且储能建设项目也将按照可再生能源项目的建设标准来进行招投标工作。项目通常以IPP模式公开招标，中标开发商（联营体）与沙特阿拉伯购电公司签署20~25年长期购电协议。超过100MW的大型项目必须由国际开发商担任联营体牵头方，100MW以下的项目沙特阿拉伯本地开发商可以担任联营体牵头方。同时当地企业的占股比例必须不低于17%。

除光伏、风电之外，沙特阿拉伯还大力发展以“绿氢”为主的氢储能。氢气将以氨的形式制成，其能源来源主要以可再生能源的余电电解海水为主。通过氨氢储能，沙特阿拉伯为工业和交通部门提供了一种无碳的替代方案，还为最需要的地区提供了储存和运输绿色电力的解决方案。2020年，沙特阿拉伯与投资者签约，为其在红海海岸的Neom开发项目提供一个50亿美元的“绿氢”设施。该项目将使用超过400万kW的可再生能源，每年可生产120万t“绿氨”。此外，沙特阿拉伯还将自己定位为清洁氢市场的潜在全球参与者。2021年1月，国家财富基金Mubadala和ADQ主权基金签署了一项协议，与阿布扎比国家石油公司（Adnoc）组成一个氢联盟，旨在将阿布扎比打造为“绿氢”和“蓝氢”的国际参与者。

5.5 电力市场概况

5.5.1 电力市场运营模式

5.5.1.1 市场构成

沙特阿拉伯电力市场结构见图5-14。目前沙特阿拉伯电力市场的主要机构为沙特阿拉伯国家电力公司（SEC），SEC及其子公司拥有全国绝大部分输电线路以及配电线路，并垄断了全国70%的发电量。在未来，沙特阿拉伯电力市场将进一步整合，小型发电公司以及发电系统的运营公司将并入SEC的发电部门进行管理以简化监管程序，提高电力系统运作效率。

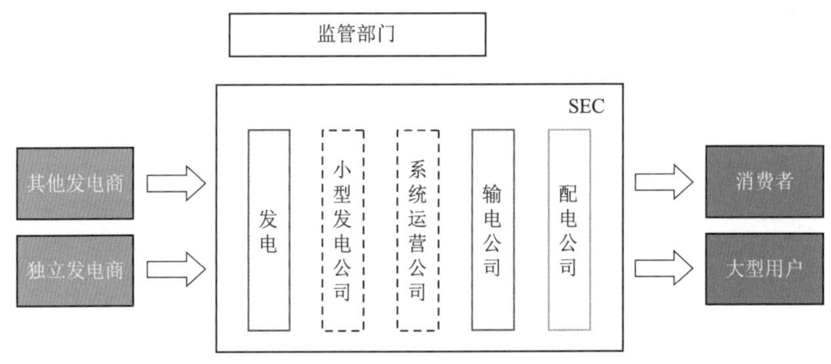

图 5-14　沙特阿拉伯电力市场结构

5.5.1.2　结算模式

由于沙特阿拉伯采取发输配电一体化的管理体制，沙特阿拉伯电价由国内各电力公司根据自身盈利自行制定，并最终由沙特阿拉伯电力和热电监管局（ECRA）进行审核并颁布全国统一电价。全国统一电价一般为各电力公司的平均过审报价。由于沙特阿拉伯石油产量较高，因此本国的发电成本极低，整体发电成本仅占平均电价的 25%。

5.5.2　电力市场监管模式

沙特阿拉伯国内电力市场主要受到沙特电力和热电监管局（ECRA）监管，市场监管主要体现在电价监管之上。

沙特阿拉伯国家电力公司是沙特阿拉伯国内唯一的受监管对象。

5.5.3　电力市场价格机制

沙特阿拉伯并未采用多级阶梯的价格机制。电价差异主要体现在用途上，阶梯仅设 6000kWh 一级。具体电价机制见表 5-1。

表 5-1　　沙特阿拉伯电价机制

用　途	电价挡位 /（kWh/ 月）	电价 /（美元 /kWh）
居民用电	1~6000	0.05
	>6000	0.08
商业用电	1~6000	0.05
	>6000	0.08
公共事业用电		0.09
工业用电		0.05
农业用电	1~6000	0.04
	>6000	0.05
私人医院和学校用电		0.05

第6章 泰 国

6.1 能源资源与电力工业

6.1.1 一次能源资源概况

泰国一次能源储量较少，截至2022年，泰国全国石油储量约4093万t，天然气储量1000亿m^3，煤炭储量仅10.63亿t。根据2022年《BP世界能源统计年鉴》，泰国2021年一次能源消费量达到了12212.9万t油当量，其中石油达到5377.5万t油当量，天然气达到4039.1万t油当量，煤炭达到1935.9万t油当量，水电消费达95.6万t油当量，可再生能源达764.8万t油当量。

6.1.2 电力工业概况

6.1.2.1 发电装机容量

泰国电力很大程度上依赖化石燃料。据泰国发电署统计，截至2022年，泰国全国发电装机容量为16715.92MW，其中天然气、煤炭等化石燃料发电占据绝大多数，共75.28%，而水力发电和其他可再生能源发电的比例合计不超过25.00%。泰国2022年装机容量见图6-1。

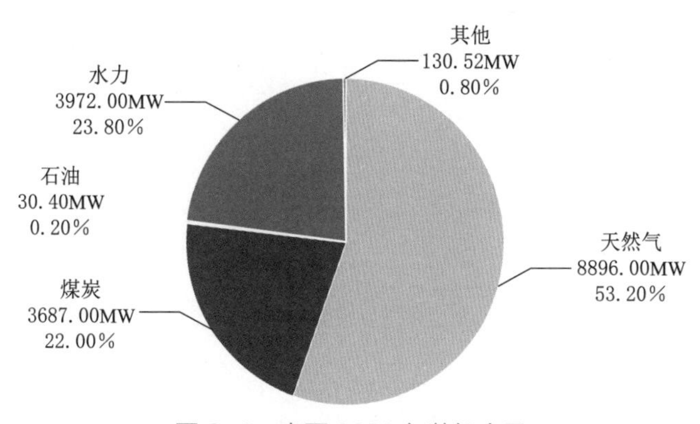

图6-1 泰国2022年装机容量

泰国2015—2022年各类型发电装机容量见图6-2。泰国全国总装机容量已多年未实现显著增长，据统计，2022年，泰国全国装机容量较上一年持平，新型冠状病毒疫情期间泰国并未有明显的总装机容量增加，主要原因在于发电设施老化，且常年处于未经维护的状态，导致需要较长时间来进行停机检修甚至改造的情况。

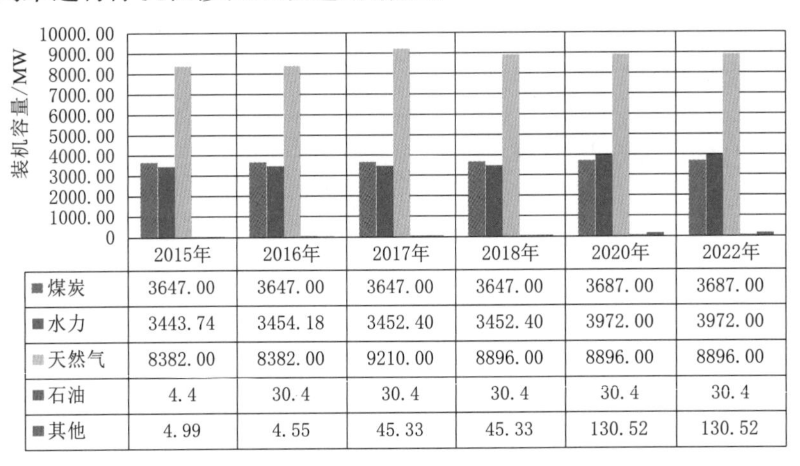

	2015年	2016年	2017年	2018年	2020年	2022年
■煤炭	3647.00	3647.00	3647.00	3647.00	3687.00	3687.00
■水力	3443.74	3454.18	3452.40	3452.40	3972.00	3972.00
■天然气	8382.00	8382.00	9210.00	8896.00	8896.00	8896.00
■石油	4.4	30.4	30.4	30.4	30.4	30.4
■其他	4.99	4.55	45.33	45.33	130.52	130.52

图6-2 泰国2015—2022年各类型发电装机容量

6.1.2.2 电力消费情况

泰国属于电力进口国，其电力按照城镇、农村、老挝进口、马来西亚进口、柬埔寨进口、大客户来进行统计。据统计，2022年，泰国大部分电力消费来自农村，共131.64TWh，占全国电力消费的70.35%，而城镇消费量为53.21TWh，占全国电力消费的28.44%。泰国2014—2022年电力消费情况见图6-3。

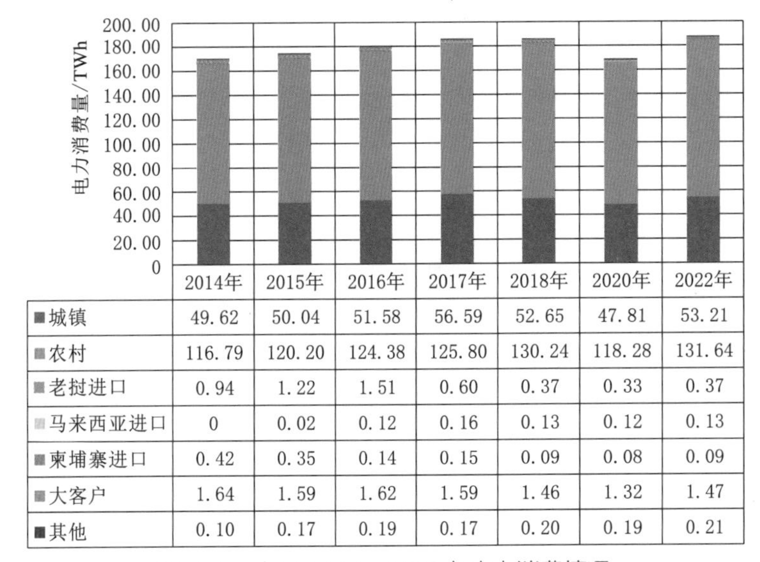

	2014年	2015年	2016年	2017年	2018年	2020年	2022年
■城镇	49.62	50.04	51.58	56.59	52.65	47.81	53.21
■农村	116.79	120.20	124.38	125.80	130.24	118.28	131.64
■老挝进口	0.94	1.22	1.51	0.60	0.37	0.33	0.37
■马来西亚进口	0	0.02	0.12	0.16	0.13	0.12	0.13
■柬埔寨进口	0.42	0.35	0.14	0.15	0.09	0.08	0.09
■大客户	1.64	1.59	1.62	1.59	1.46	1.32	1.47
■其他	0.10	0.17	0.19	0.17	0.20	0.19	0.21

图6-3 泰国2014—2022年电力消费情况

6.1.2.3 发电量及构成

泰国2020年发电量见图6-4。据统计，泰国2020年全年发电量205.995TWh，其中有24.30%为进口电力，本土发电量占75.70%，其中天然气与煤炭占比最多，分别为113.859TWh和36.823TWh，合计占比73.1%。据了解，泰国的电力覆盖率达到82%。泰国2016—2020年全国发电量见图6-5。

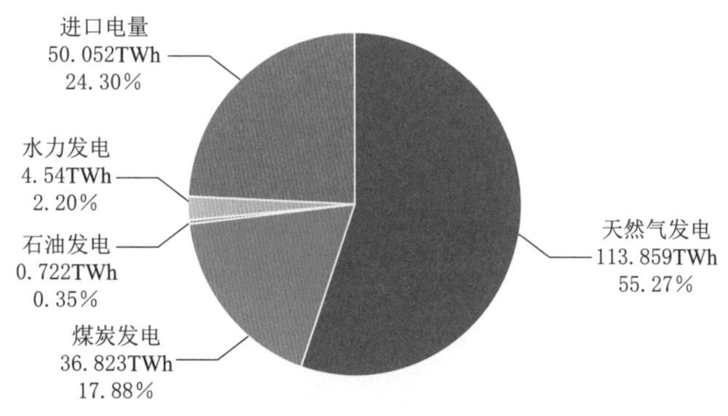

图6-4 泰国2020年发电量

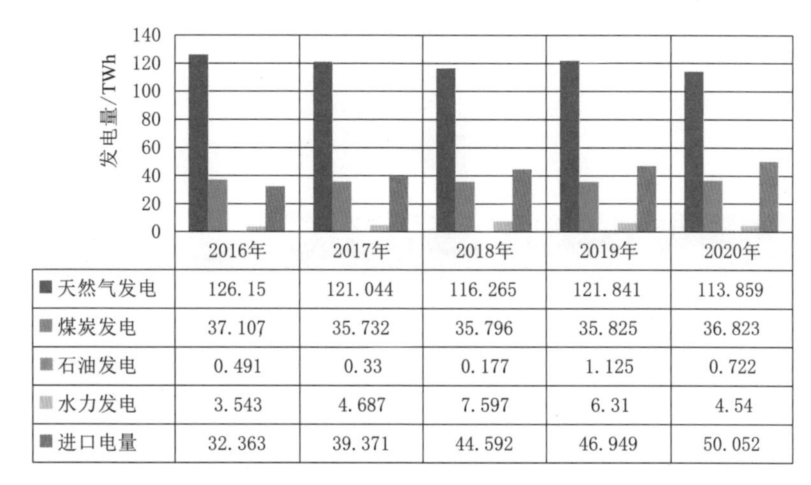

	2016年	2017年	2018年	2019年	2020年
天然气发电	126.15	121.044	116.265	121.841	113.859
煤炭发电	37.107	35.732	35.796	35.825	36.823
石油发电	0.491	0.33	0.177	1.125	0.722
水力发电	3.543	4.687	7.597	6.31	4.54
进口电量	32.363	39.371	44.592	46.949	50.052

图6-5 泰国2016—2020年全国发电量

6.1.2.4 电网结构

泰国共分为六个电压等级，分别为69kV、115kV、132kV、230kV、300kV以及500kV。据统计，2022年泰国全国电网总长为38412.04km，其中230kV与115kV电路最长，分别为15697.87km与14388.34km。值得注意的是，泰国的电网发展几乎停滞，国内电网老化问题严重，全国输电线路长度已经多年未出现明显增长。泰国2014—2022年各电压等级输电线路长度见图6-6。

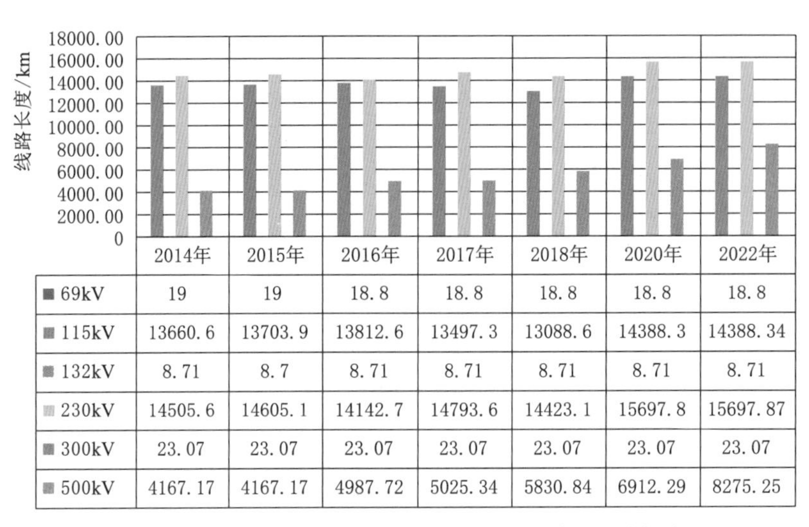

	2014年	2015年	2016年	2017年	2018年	2020年	2022年
69kV	19	19	18.8	18.8	18.8	18.8	18.8
115kV	13660.6	13703.9	13812.6	13497.3	13088.6	14388.3	14388.34
132kV	8.71	8.7	8.71	8.71	8.71	8.71	8.71
230kV	14505.6	14605.1	14142.7	14793.6	14423.1	15697.8	15697.87
300kV	23.07	23.07	23.07	23.07	23.07	23.07	23.07
500kV	4167.17	4167.17	4987.72	5025.34	5830.84	6912.29	8275.25

图 6-6　泰国 2014—2022 年各电压等级输电线路长度

从变电站容量上来看，230kV 变电站容量居多，共 63.5GVA，其次为 500kV 变电站，总容量为 36.9GVA，115kV 变电站则排名第三，共 14.9GVA。

6.1.3　电力管理体制

泰国能源部是泰国最高的电力管理机构，下属三部、一办公室、一公司。泰国能源部机构设置见图 6-7。

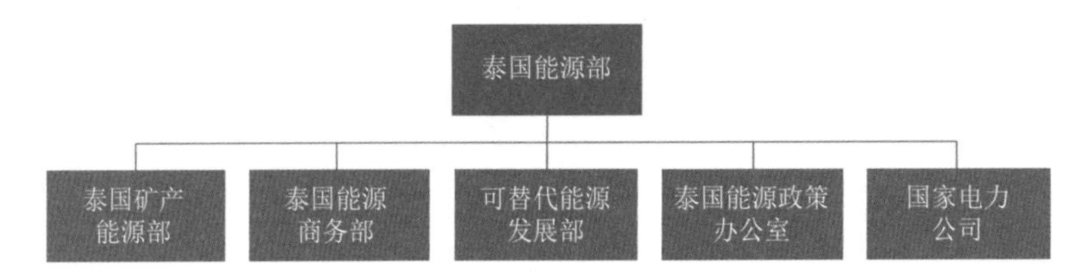

图 6-7　泰国能源部机构设置

（1）泰国能源部。泰国最高的电力管理机构，负责泰国国家电力规划、政策制定、发输配各环节的监督工作。

（2）泰国矿产能源部。负责泰国一次能源的开采及开采计划、进出口政策的制定。

（3）泰国能源商务部。负责泰国国内外电力相关投资的招商引资等事宜。

（4）可替代能源发展部。负责泰国国内的可再生能源及可替代能源的政策研究、计划制定等工作。

（5）泰国能源政策办公室。负责推荐国家能源政策和计划，包括能源有关的措施和可持续发展计划等。

（6）国家电力公司。发输配售一体的国有企业，负责泰国国内一切电力工业事宜。

6.1.4 电网调度机制

泰国国家电网采取统一调度的模式，不设分区，由泰国国家电力公司（Electricity Generating Authority of Thailand，EGAT）统一调度，负责电网运营、维护以及调度工作。

6.2 主要电力机构

6.2.1 泰国国家电力公司

6.2.1.1 公司概况

1. 总体情况

泰国国家电力公司（EGAT）参与发电、输电和电力系统运营，是泰国最大的发电企业，拥有和运营着遍布 40 个地区、不同类型和规模的发电厂，截至 2018 年的总装机容量为 16GW。泰国的电力供应是基于国有的单一买方体制，在这一体制下，泰国国家电力公司作为买方跟国内独立发电厂和邻国进行大宗电力交易，然后再将电力出售给泰国两大配售电国有企业和若干法律事先授权许可的直接购电客户，同时也从事向邻国出口电力的业务。泰国国家电力公司是泰国唯一的电力系统运营商，通过国家控制中心和五个地区性的控制中心管理、控制电力调度，并拥有覆盖全泰国的，包括输电线、不同电压等级的高压变电站等在内的电力传输网络。

2. 经营业绩

泰国国家电力公司近四年未实现营收增长，2018 年公司营业收入为 4941 亿泰铢（约合 158.112 亿美元），较上一年下降 0.5%，详细数据见图 6-8。

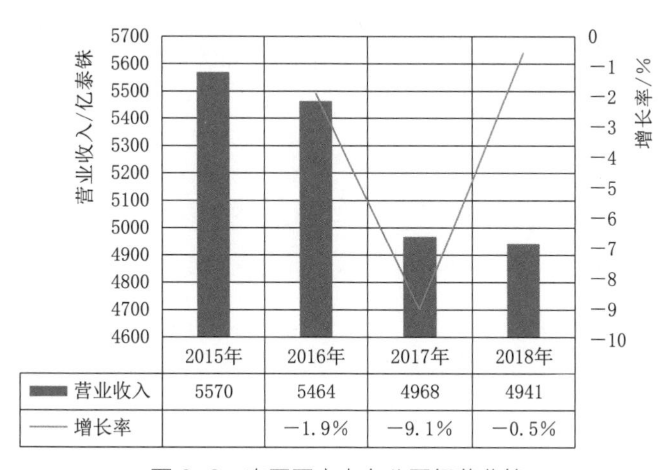

	2015年	2016年	2017年	2018年
营业收入	5570	5464	4968	4941
增长率		−1.9%	−9.1%	−0.5%

图 6-8 泰国国家电力公司经营业绩

6.2.1.2　历史沿革

泰国国家电力公司成立于 1969 年 5 月，由三家美资遗留企业合并而成。

1970—1980 年，泰国国家电力公司经历了高速发展期，建成了数座火电厂，为泰国电力行业的发展打下了基础。

20 世纪 90 年代中叶，泰国国家电力公司发起了需求侧管理项目，该项目旨在制定泰国未来 20 年的电力需求发展模型，并为电力建设提供指导性意见。

21 世纪，泰国国家电力公司开始打破常规布局，向私人购买电力，并通过对私营部门进行投资来扩大小型电站在发电领域的作用。

6.2.1.3　组织架构

泰国国家电力公司采用分业务部门的组织架构，详细架构见图 6-9。董事会下设独立的审计委员会负责公司财务审计；除财务部外，还设有政策制定部，负责相关政策研究以及政策意见的提出；发电事业部，负责电站的管理、运营、建设、维护工作；输配电事业部，负责电网及变电站的运营、管理、建设、维护工作；战略发展事业部，负责公司未来战略发展计划的制定。

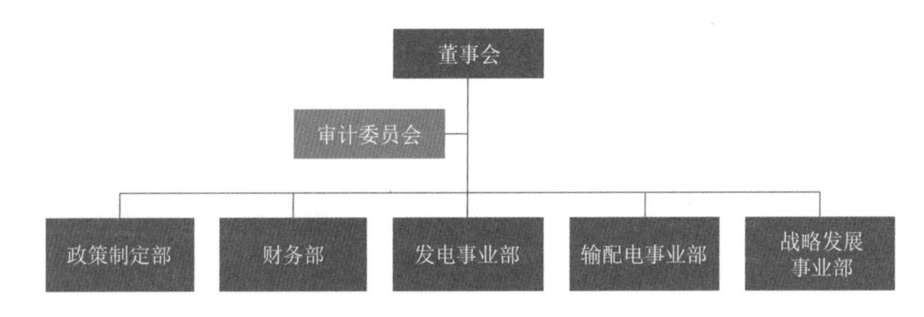

图 6-9　泰国国家电力公司组织架构

6.2.1.4　业务情况

1. 发电业务

泰国国家电力公司共管理近 50 座大型发电厂，主要有 6 座联合热电厂、27 座水力发电厂、9 座可再生能源（风能、太阳能、地热）发电厂、4 座柴油发电厂和 1 座其他发电厂，总装机容量 16.037GW。同时，公司还有 7 个火电项目正在开发，预计完工日期在 2020—2035 年间，总装机容量达 8800MW。这些项目能够帮助缓解泰国对进口能源的依赖。

2. 输电业务

泰国国家电力公司正在建设20条输电线路，总长度约13.7万km，将陆续竣工。

6.2.1.5 科技创新

泰国国家电力公司设立了研发管理委员会，支持和鼓励公司和泰国其他研究机构开展电力相关研究项目，主要领域包括可替代能源技术、材料和设备；高效输电技术；新能源发电技术；火电去污染技术。

6.2.2 大都会电力局

6.2.2.1 公司概况

1. 总体情况

大都会电力局（MEA）是泰国内政部下属的一家国有企业，负责曼谷直辖市、暖武里府、北榄府的电力供应，覆盖面积3192km^2。它于1958年8月1号根据《大都会电力管理局法案》（1958年）成立。

2. 经营业绩

大都会电力局（MEA）已实施改善和扩大配电系统的计划。配电系统的建设、改造和扩建，可以适应不断增长的电力需求，提高电气系统的可靠性。大都会电力局累计停电次数（SAIFI）等于1.199次/（人·年），停电时间（SAIDI）累计为31.754min/（人·年）。

6.2.2.2 历史沿革

泰国第一次大规模用电是在1884年9月20日朱拉隆功国王（拉玛五世）诞辰之际照亮大皇宫。国王对电力，特别是街道的灯光非常感兴趣。曼谷的第一座发电厂由德国公司AEG建造，它于1913年12月20日开始发电。

Siam Electricity Company Limited（暹罗电力有限公司）是一家早期的电力公司。1939年更名为泰国电力有限公司。

1950年，泰国电力有限公司的特许权到期，由政府接管，并更名为曼谷电力局，在内政部的支持下运作。

1958年8月1日，曼谷电力局合并曼谷电力工程和公共工程部电气部门，成立大都会电力局（MEA），负责在曼谷、暖武里府和北榄府的电力供应。

6.2.2.3 组织架构

总经理决定大都会电力局的日常决策，内部审计部门主要负责监督公司内部财务，总务处主要协助总经理处理公司日常决策。旗下由不同的副总经理负责9个主要部门：技术和材料管理部、分配部、企业部、社会可持续发展部、运营部、战略组织发展部、财务部、商务部以及信息和科技交流部。详细组织架构见图6-10。

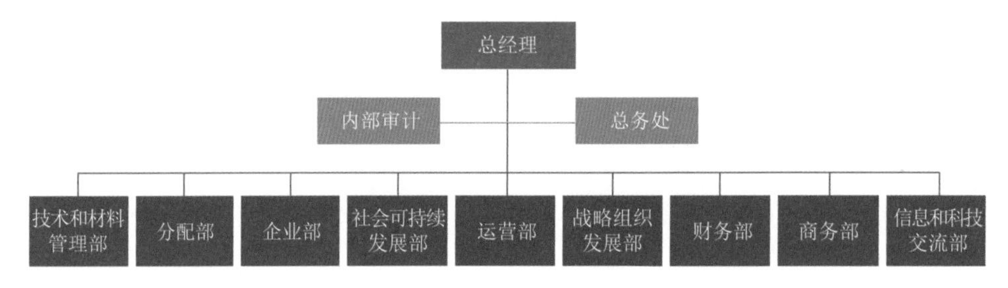

图6-10 大都会电力局组织架构

6.2.2.4 业务情况

大都会电力局的核心业务包括向曼谷、暖武里府和北榄府三个区域供电，覆盖面积3192km^2，这是大都会电力局建立的关键任务和目的。其核心业务收入相当于其总收入的99.96%。

其他相关业务包括更好地维护服务和电能质量，通过设计和采购设备，完成后交付给用户以满足特定用户的服务和电能质量要求，包括给用户提供电力分配系统和相关的业务服务等方面。相关业务产生的收入（包括地理信息服务、网络提供商和数据等现有资源的增加值、安全中心）占其总收入的0.04%。

6.2.2.5 科技创新

大都会电力局目前正在制定能源发展及能源转型的规划，其目标是减少对天然气发电的依赖、通过清洁煤炭技术增加煤炭发电比例、从邻国进口电力以及发展可再生能源来提高电力系统的可靠性。此外，该计划旨在发展输电和配电系统，以支持可再生能源发展和东盟经济共同体。大都会电力局同时也在制定泰国智能电网发展规划，为泰国智能电网的整体发展制定政策、方向和框架。根据智能电网规划，在目前和不久的将来可再生能源将迅速增加到主电网中。中国南方电网有限责任公司也有智能电网建设的发展规划。近年来，双方高层领导定期互访，工作层面成立了联合工作组，围绕智能电网等课题开展了紧密的交流与合作。

6.2.3 泰国地方电力局

6.2.3.1 公司概况

泰国地方电力局（PEA）是泰国内政部下属的一家国有企业，负责发电、输配电及售电业务。泰国地方电力局也负责提供标准化的电力服务和相关业务，以达到客户的满意度。其经营范围覆盖了除曼谷直辖市、暖武府、沙没巴干府之外的其他 74 个府，泰国地方电力局是地区的领先组织，致力于提供高效、可靠的电力服务及相关业务，以提高生活质量，保障经济和社会的可持续性。

6.2.3.2 历史沿革

1954 年 3 月 6 日颁布的皇家法令规定，泰国地方电力局将从国家电力局中独立拆分，并作为单独的组织运营。同年，泰国政府公报规定，政府公共部门和市政部门的负责人需为该公司董事会成员，负责公司日常管理和运作。

泰国地方电力局注册资本最初为 500 万泰铢，并负责全国 117 个地方电力机构的运作，之后随着泰国国内电力产业的发展，公司于 1960 年 9 月 28 日，在新法案下成立了省级电力局，并通过省级电力局管理各地方电力局。

6.2.3.3 组织架构

泰国地方电力局在曼谷设有主要办事处，负责制定政策和工作计划，为区域分局提供建议、采购材料和设备，并由总经理、副总经理、总经理助理组成管理代表团。泰国地方电力局主要由董事会负责公司重大事项的决策，内部审计负责监督审查公司内部财务。各部门高管协助总经理管理公司内部日常事务的运作，并受董事会监督管理。公司共有 12 个主要事业部，分别为业务发展部、电力规划和系统开发部、企业战略部、电力部、工程部、项目建设和管理部、信息通信部、运营维护部、企业服务部、会计财务部、人力资源部和企业社会责任部。详细组织架构见图 6-11。

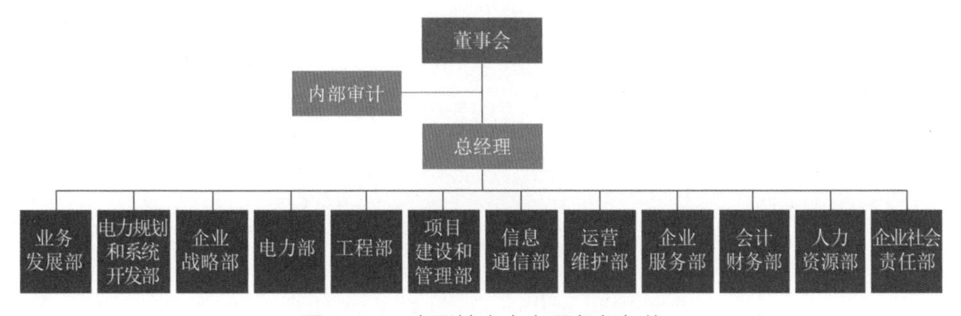

图 6-11　泰国地方电力局组织架构

6.2.3.4 业务情况

泰国地方电力局的主要业务是为公众、企业和各个行业生产、采购、交付、分配和提供电力服务，以满足用户需求，并在质量和服务方面提高用户满意度。电力服务是通过不断发展具有企业社会责任的组织来实现的。泰国地方电力局负责泰国 74 个府的电力分配，即除曼谷、暖武里府和沙没巴干府（在大都会电力局的责任区）的 99% 的泰国地区，面积为 51 万 km^2，有 1936.078 万用户。

其他的相关业务主要是以提供与主要业务有关的额外服务的形式进行，包括电力系统建设、电力系统维修和保养、系统检查、测试和分析、人员培训和开发、电力系统咨询和设计、租赁以及其他工作。

6.3 碳减排目标发展概况

6.3.1 碳减排目标

泰国计划在 2050 年实现碳中和并且在 2065 年前实现温室气体净排放的目标。泰国通过其《2022 年国家能源计划》提出了到 2065—2070 年实现碳中和的建议。泰国总理还提出了生物循环绿色经济（BCG）模型，以确保经济可持续发展。泰国还计划在电力部门发展可再生能源，《2018—2037 年替代能源发展计划（AEDP）》提出，到 2037 年非水电可再生能源的总容量将达到 18.7GW。支持 AEDP 的是《2018—2037 年电力发展计划（PDP）》，该计划的目标是 2037 年电力结构的 37% 来自非化石燃料。由于泰国重新承诺碳中和，并为可再生能源提供支持性政策环境以支持其承诺，预计泰国将在非水电可再生能源方面实现强劲增长，非水电可再生能源装机容量将从 2021 年年底的 9.7GW 激增至 2030 年年底的 17.2GW，平均同比增长 6.8%。

6.3.2 碳减排政策

泰国的碳减排政策主要包括《2018—2037 年替代能源发展计划》《能源效率计划 B.E. 2561—2580（2018—2037）》以及《2015—2050 年气候变化总体规划》。

1.《2018—2037 年替代能源发展计划》

《2018—2037 年替代能源发展计划》的总体目标是到 2037 年可再

生能源占最终能源消耗的份额将增加 30%，可再生能源装机增加到近 30000MW，实现可再生能源供应占全国净电能需求的 34%。

2.《能源效率计划 B.E. 2561—2580（2018—2037）》

《2018—2037 年能源效率计划（EEP 2018）》是《2015—2036 年能源效率发展计划（EEDP 2015）》的更新版本。EEP 2018 设定了到 2037 年将能源强度降低 30% 的目标（以 2010 年为基准），将 EEDP 2015 的初始目标推迟了一年。EEP 2018 概述了提高能源效率和实现这一目标的各种措施。

3.《2015—2050 年气候变化总体规划》

《2015—2050 年气候变化总体规划》旨在通过各类中长期任务帮助泰国到 2050 年实现可持续的低碳增长和气候变化适应能力。目前泰国正在努力实现 2020—2050 年的长期任务，主要包括：到 2030 年，与常规情景相比，能源强度至少降低 25%；增加乘坐公共交通工具出行的比例；降低陆路运输温室气体排放的比例；提高低碳环保产业投资比重；减少露天垃圾倾倒区；降低农业地区露天焚烧的比例；降低经济的碳强度。

6.3.3 碳减排目标对电力系统的影响

太阳能和生物质能将成为可再生能源增长的主要驱动力，推进其气候计划，并保持东南亚可再生能源的佼佼者地位。在短期内，泰国将把非水电可再生能源发展重点放在生物质能和太阳能上，这一计划得到了市场在建项目和政府计划的支持。2021 年 10 月 31 日，泰国在诗琳通大坝开始了世界上最大的水浮式太阳能混合动力车的商业运营，为泰国电网增加了 45MW 的容量。泰国国家电力公司（EGAT）还宣布，它将推进其他 15 个类似项目，例如 Ubol Ratana 大坝的 24MW 浮动太阳能。泰国国家电力公司预计这些项目将为电力市场贡献累计 2.7GW 的容量。

除太阳能外，生物质能也将成为泰国可再生能源发展的关键领域。利用沼气、生物质发电和垃圾发电的生物质发电厂将在泰国大都市区以外的社区开发，相关地区经济以农业为主，生物质发电更贴近当地的经济结构。此外，政府还制定了“全民能源”计划，该计划将支持社区生物质发电厂的发展。

综上，预计太阳能和生物质能将引领可再生能源的增长，使泰国成为东南亚可再生能源领域的佼佼者。

6.4　储能技术发展概况

泰国政府支持新能源的发展，但是丰富的风能资源大多处于本国最南端，而泰国电网最发达的地方是中部曼谷经济辐射圈，与南部电网连接薄弱。如果大力发展风能，肯定会对现有的电网造成巨大的压力。早在2013年，泰国南部14个府同时发生停电，停电最长时间为4小时，受到影响最为严重的是海鲜食品加工厂、冷冻产品工厂等，其造成的经济损失达3.5亿美元。由此可见储能也许是拯救泰国南部脆弱电网的一个快速且经济的方法。

泰国国家电力公司（EGAT）在泰国新能源发展方针中提到，可再生能源无法不间断地发电以满足用电需求，所以储能系统成为解决这个问题的关键。泰国在未来十年计划了大约2.6GW的抽水蓄能电站，但是由于技术的限制，泰国国家电力公司提出大力发展电化学储能形式，目前已经确认的项目有Mueang 4MW、Bamnet Narong 16MW、Chai Badan 21MW。同时在2018年，Energy Absolute公司宣布计划投资30亿美元在泰国建造世界上最大的储能设施。该项目分为两个阶段，第一阶段投资1.19亿美元安装1GWh的储能电池生产线，然后在5年内追加投资以达到50GWh的储能电池生产规模。Energy Absolute公司大规模的投资无疑点燃了泰国储能市场。

尽管泰国是可再生能源的区域领导者，但其对储能的使用尚处于初期阶段。泰国国家电力公司对储能潜力进行了一些研究，并正在试行三个电池储能项目。其中一个位于泰国夜丰颂府的一个太阳能项目旁边，以提高供电稳定性。另外两个位于泰国猜也蓬府和华富里府的变电站，可再生能源发电水平很高，储能将提高可再生能源的稳定性。

6.5　电力市场概况

6.5.1　电力市场运营模式

6.5.1.1　市场构成

泰国的电力部门从发电到输配电的整个过程很大程度上由国家控制。泰国电力市场包括三大系统：一是发电系统，共三大参与者，即泰国国家电力公司、独立电力生产商以及进口电力；二是输电系统，泰国国家电力公司是其中最大的国有企业；三是配电系统，分为首都电力管理局和府外电力管理局，前者负责首都的配电业务，后者负责除首都外的配电业务。

6.5.1.2 结算模式

电价管制方法由泰国能源部确定。但泰国国家电力公司和政府内阁有最终决策权。泰国的电价结构旨在：①反映经济成本，促进电力的使用效率；②保障泰国三大国有电力企业的财务健康；③减少电力用户之间的交叉补贴；④通过灵活、自动的机制调整电价。

泰国电价结构可拆分为基础电价和变动电价两部分。基础电价本质是趸售电价，它是由泰国国家电力公司向首都电力局及其地方子公司收取的售电费和电力局及其地方子公司在每一个管制期间向电力消费者收取的固定零售电价构成。影响基础电价的因素通常包括：①对电力需求的预测；②燃油价格；③发电、输电、配电费用；④国家电力公司的资本性支出以及投资资本回报率。

变动电价是一种自发的机制，它的引入是为了转移来自于电力运营商和电力消费者的不可控成本。该不可控成本包括：①有别于预测成本的发电环节的燃油价格波动；②汇率变动及通货膨胀所导致的成本；③非常规、非计划性政策变化导致的额外成本。变动电价每 4 个月调整一次。

6.5.2 电力市场监管模式

能源部是泰国主要的电力市场监管主体，前身是泰国能源局（Bureau of Energy）。后依据 2002 年颁布的《政府组织重组法例》（Restructuring of Government Organization Act），泰国进行政府机构改革，能源局升级为能源部，成为泰国政府的内阁部门之一。能源部拥有能源采购、规划和管理能源的职权，它有权提案和实施所有与能源有关的政策，包括电力、可再生能源、能源效率政策。

监管对象包括泰国国家电力公司、首都电力管理局以及泰国国内的独立电力供应商等。

6.5.3 电力市场价格机制

泰国电力用户共分为七大类，并在部分类别中使用阶梯电价收费。

泰国电价见表 6-1。

表 6–1 泰国电价（1 泰铢 =0.032 美元）

用途	电价档位 /kWh	电价 /（泰铢 /kWh）	备注
居民用电	0~15	2.35	
	>15~25	2.98	
	>25~35	3.2	
	>35~100	3.6	
	>100~150	3.7	
	>150~400	4.2	
	>400	4.4	
小型用电	0~150	3.24	小型商店、工厂等设施
	>150~400	4.2	
	>400	4.4	
大中型用电		3.1	大中型商店、工厂等设施
特殊用电		4.1	酒店、旅馆等设施
非营利机构用电		3.5	
农业用电	0~100	2	
	>100	3.2	
临时用电		6.8	建筑、施工、场馆等临时大量用电

第7章 ■ 土耳其

7.1 能源资源与电力工业

7.1.1 一次能源资源概况

土耳其矿物资源丰富，主要有硼、铬、铁、铜、铝矾土及煤等。三氧化二硼和铬矿储量均居世界前列。森林面积广大，凡湖盛产鱼和盐，安纳托利亚高原有广阔牧场。水力资源也较丰富，在主要河流的峡谷上筑水坝建水库，发展水电和灌溉事业。土耳其境内有产石油及天然气，但产量不足以自足，必须从国外进口，北安那托利亚黑海沿岸东色雷斯伊斯肯德伦湾及南安内托利亚地区近叙利亚及伊拉克边境发现油田，可望使自给率提高。根据2022年《BP世界能源统计年鉴》，土耳其2021年一次能源消费量达到16323.7万t油当量，其中石油达到4517.1万t油当量，天然气达到4923.4万t油当量，煤炭达到4158.6万t油当量，水电消费1242.8万t油当量，可再生能源1457.9万t油当量。矿物资源中，硼矿探明储量33亿t，居世界第一位。

7.1.2 电力工业概况

7.1.2.1 发电装机容量

2020年，土耳其新增发电装机容量6GW，到2020年年底，发电装机容量已增加到90GW左右，与2018年相比增长1.11%。其中天然气发电装机容量占37.10%，煤炭发电装机容量占34.18%，水力发电装机容量占20.20%。2020年土耳其各类发电装机容量占比见图7-1。而这些发电装机容量中，土耳其国家发电公司（EUAS）的装机容量占20.9%，私营部门占64.7%，建设运营厂占6.9%，“建设—运营—转移”工厂占1.5%，未批准的发电厂占6.0%。

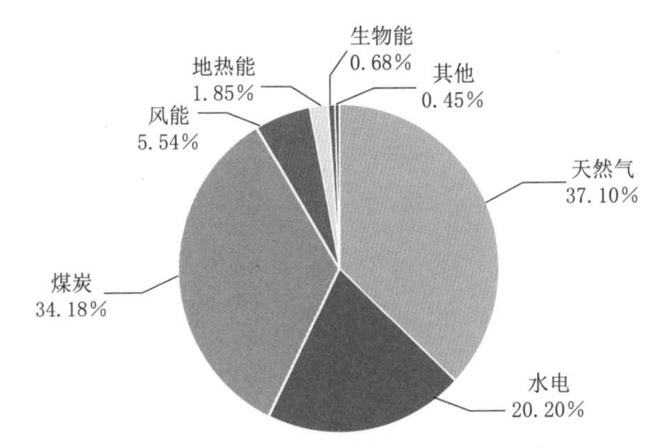

数据来源：地中海能源管理局（MedReg）。

图7-1　2020年土耳其各类发电装机容量占比

7.1.2.2　发电量及构成

土耳其2016—2020年发电量见图7-2，2020年总发电量为306TWh。土耳其2005—2018年各类电源发电量占比见图7-3，2018年土耳其的总发电量为300TWh。其中，23.5%来自煤炭，30.9%来自天然气，34%来自水电，0.9%来自液态燃料，10.7%来自可再生能源。据了解，土耳其供电较不稳定。

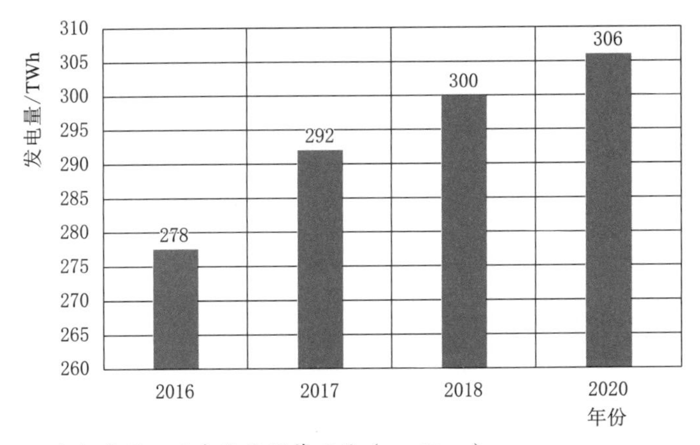

数据来源：地中海能源管理局（MedReg）。

图7-2　土耳其2016—2020年发电量

7.1.2.3　电网结构

土耳其电网共分为安塔利亚（西北、西部、中央、东南、东部）、色雷斯、地中海（东部、西部）和黑海9个区域电网。九大区域控制中心和位于安卡拉的国家控制中心共同组成了土耳其电网。

土耳其的输电线路电压等级主要包括400kV、220kV、154kV和66kV，总长度达到53725km，其中，400kV线路16027km，154kV线路32920 km，220kV线路85 km，66kV线路509 km，其他分支线路

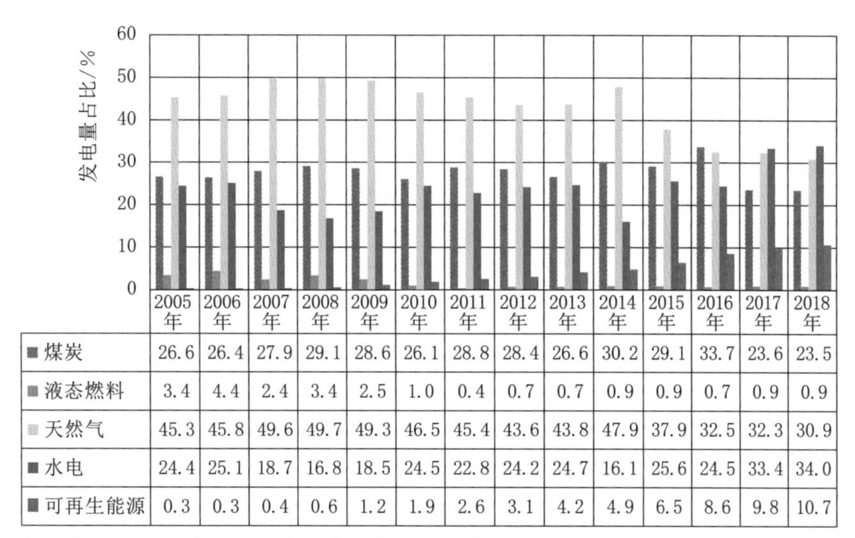

	2005年	2006年	2007年	2008年	2009年	2010年	2011年	2012年	2013年	2014年	2015年	2016年	2017年	2018年
■ 煤炭	26.6	26.4	27.9	29.1	28.6	26.1	28.8	28.4	26.6	30.2	29.1	33.7	23.6	23.5
■ 液态燃料	3.4	4.4	2.4	3.4	2.5	1.0	0.4	0.7	0.7	0.9	0.9	0.7	0.9	0.9
■ 天然气	45.3	45.8	49.6	49.7	49.3	46.5	45.4	43.6	43.8	47.9	37.9	32.5	32.3	30.9
■ 水电	24.4	25.1	18.7	16.8	18.5	24.5	22.8	24.2	24.7	16.1	25.6	24.5	33.4	34.0
■ 可再生能源	0.3	0.3	0.4	0.6	1.2	1.9	2.6	3.1	4.2	4.9	6.5	8.6	9.8	10.7

数据来源：土耳其能源和自然资源部、土耳其能源监督局。

图 7-3 土耳其 2005—2018 年各类电源发电量占比

4184km，覆盖土耳其领土。土耳其全国变电站总数 619 座：400kV 变电站 78 座，220kV 变电站 2 座，400kV 变电站 78 座，154kV 变电站 526 座，其他类变电站 93 座。此外，土耳其电网与 8 个国家外联，西部与希腊、保加利亚通过 400kV 线路互联，东部以 220kV 线路与亚美尼亚连接，以 154kV 线路与阿塞拜疆、伊朗连接，以 400kV 线路与格鲁吉亚、伊拉克及叙利亚连接。

2006 年，欧洲互联电网土耳其项目组（PGT）正式成立，着手制定符合欧洲互联电网标准的互联技术标准。2011 年 6 月，土耳其电网与欧洲电网开始进行商业电力交换，在满足相关技术要求的前提下，逐步增加交换容量。试运营后，土耳其电网与欧洲电网系统形成永久连接。2016 年 1 月，土耳其输电公司（TEIAS）正式签约成为欧洲互联电网（ENTSO-E）的观察员运营商。

7.1.3 电力管理体制

7.1.3.1 历史沿革

随着土耳其经济的高速发展，土耳其电力市场正式成为土耳其经济发展最快的领域之一。土耳其电力产业可分为四个垂直分工的部门：发电、输电、配电和售电。在土耳其，目前除了输电环节仍完全由国有的土耳其输电公司控制外，其他环节均引入了私营企业。

在土耳其电力工业的发展初期，曾有外国企业参与，之后由地方公共团体承担。1950 年以后，私营企业逐渐参与。1970 年 10 月，根据国家第 1312 号法令，设立土耳其电力局，垄断性地经营发电、输电、配电业务。根据土耳其第 3096 号法令，从 1984 年开始，允许私营部门进入电力市场。1994 年，一贯垄断经营发电、输电、配电的土耳其国家电力公司被分割成一家发输电公司和一家配电公司。

2001 年，发输电公司拆分为土耳其发电公司、土耳其输电公司和土耳其国家配电公司，这三家公司的主营业务分别是发电、输电和售电。2005 年，土耳其配电领域的私有化开始，土耳其配电公司被 21 个私营配电公司所取代。

7.1.3.2 机构设置

土耳其电力仅由能源市场监管局（Enerji Piyasası Düzenleme Kurumu，EPDK/EMRA）监管。能源市场监管局是市场监管机构，它是一个自治的公共法律实体，拥有行政和财务权力，负责监管和监控电力、天然气、石油和液化石油气市场。能源市场监管局由能源市场监管委员会管理。能源市场监管局可以创建和批准关税水平，颁发许可证，建立优质服务标准，并解决其他问题，例如由于电源质量不好或电力中断而导致的管理问题和消费者投诉。能源市场监管局经常与土耳其竞争管理局合作，可以向行政法院提出上诉。能源市场监管局拥有广泛的监管市场的权力，包括：建立立法框架，确保可靠、优质、稳定和低成本的电力服务；授予、修改或取消许可；批准和修改关税；建立和执行关联公司之间关系的标准和规则，以促进竞争；对不遵守适用法律以及许可证或能源市场监管局决定中规定的条款和条件的行为征收行政罚款和制裁。能源市场监管局拥有财务和行政自主权，但其所有活动和交易都要经过土耳其法院的审计。

7.1.3.3 职能分工

根据 2013 年《电力市场法》的规定，土耳其电力市场监管体系主要由能源资源部、能源市场监管局和国有电力企业组成。三个部门的职能分别如下：

1. 能源资源部

能源市场监管和调控的最高权力机构，负责制定所有能源及自然资源领域的宏观政策，并致力于确保土耳其国内能源资源有效、安全及环保的利用。

2. 能源市场监管局

最主要的电力市场监管机构，主要负责颁发企业在电力行业从事相关活动需要的牌照，并制定和批准各类电价收费标准。此外，能源市场监管局还起草拟定相关法律文件，解决市场纠纷并对违规者采取相关惩罚措施。

3. 国有电力企业

在参与电力市场交易、运行的同时，行使部分监管职能。主要的三家国有公司为土耳其发电公司、土耳其输电公司、土耳其配电公司。

7.1.4　电力调度机制

土耳其电力调度工作全部由土耳其输电公司（TEIAS）负责。土耳其输电公司前身是土耳其发电输电公司。作为唯一在土耳其拥有电力调度传输许可证的电力公司，主要承担以下责任：电力传输系统更新和扩建投资、电力系统管理、电力传输系统运行和维护、开展国际互联研究以及电力金融市场运营。此外，作为欧洲电力互联网络第五大电源，每年为整个欧洲电网提供 242GWh 的电力供应。根据《电力市场法》，土耳其输电公司是唯一有权开展输电业务的公司，其目前持有的土耳其能源市场监管局颁发的输电许可有效期至 2052 年。土耳其输电公司在开展输电业务时遵循以下规定：

（1）符合土耳其能源市场监管局颁发的输电许可规定的条件。

（2）接受预许可持有人的并网申请，并在 45 日内向土耳其能源市场监管局提供意见。

（3）根据发电许可持有人的申请，与其签订并网协议，若许可持有人符合并网条件，土耳其输电公司不能拒绝签订协议。

7.2　主要电力机构

7.2.1　土耳其输电公司

7.2.1.1　公司概况

1. 总体情况

土耳其输电公司（TEIAS）成立于 2001 年，总部位于土耳其的安卡拉，主要负责土耳其国内的输电及配电相关工作。公司在 2003 年 3 月 13 日获得由能源市场监管局（EMRA）颁发的“输电行业经营许可证”，规定公司可以在土耳其境内开展相关输配电项目的安装、运营、调度、维护等工作。

2. 经营业绩

2018年年底总资产达到245.48亿美元，总营收11.28亿美元，国内市场营收9.95亿美元。

7.2.1.2 历史沿革

1993年8月13日，根据土耳其新的《电力法修正案》，土耳其电力局被拆分为土耳其发电输电公司（TEAS）和土耳其配电公司（TEDAS）。

2001年3月2日，土耳其发电输电公司被进一步拆分为三大公司，分别为土耳其输电公司（TEIAS），负责土耳其国内的输电及配电业务；土耳其发电公司（EUAS），负责土耳其国内的发电业务；土耳其电力交易和承包公司（TETAS），负责土耳其国内的电力交易相关业务。

2003年3月13日，电力市场监管局（EMRA）授予土耳其输电公司“输电行业经营许可证”。至今，公司为土耳其国内唯一一家获得相关许可，可以开展电网相关设计、监督、运营、维护和调度等业务的单位。

7.2.1.3 组织架构

土耳其输电公司在总经理下设有独立的监察委员会，以及4位副总经理，分管法律顾问部门、内部审计部门和其他15个部门，详细组织架构见图7-4。

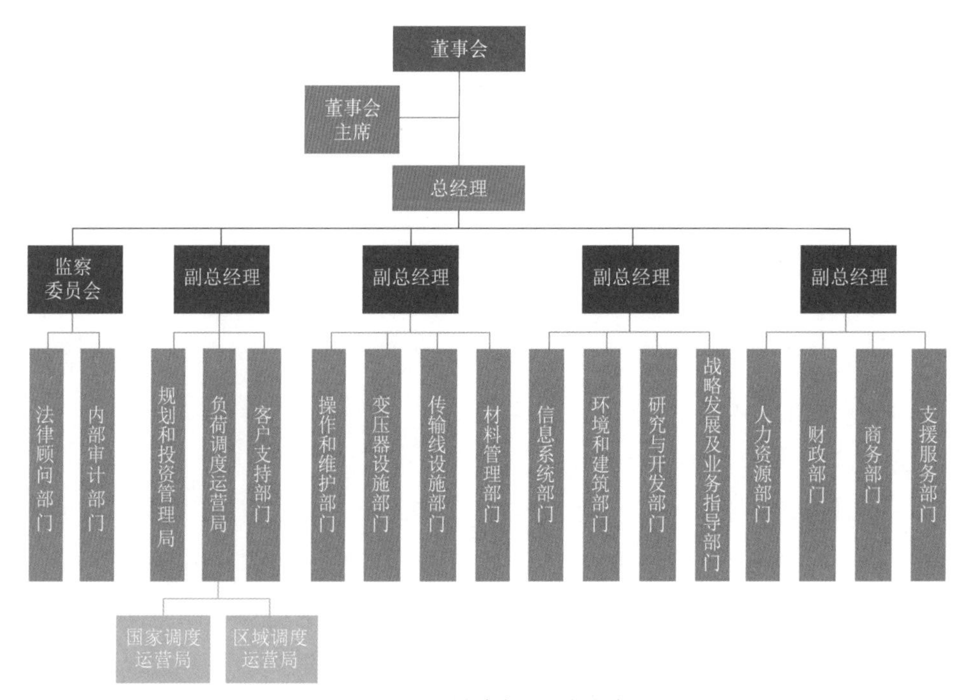

图7-4 土耳其输电公司组织架构

7.2.1.4 业务情况

1. 经营区域

在《电力市场法》（6446 号）的框架内，土耳其输电公司还是国内唯一获得许可的输电系统运营商。在公司内部，这项任务由负荷调度运营局下辖的国家负荷调度运营局和区域负荷调度运营局履行。国家负荷调度运营局负责管理国家主电网的调度工作，而区域负荷调度运营局则负责管理安卡拉的国家控制中心和九大区域电网的电力调度工作，分别为安塔利亚（西北、西部、中央、东南、东部）、色雷斯、地中海（东部、西部）、黑海。

2. 业务范围

土耳其输电公司的主要业务是将电力传输到将其分配给消费者的输配电网，负责全国输电网项目的安装、运营、维护以及调度工作。

土耳其输电公司 2018 年接受政府拨款共 4.25 亿美元，其中 3.69 亿美元用于输电系统投资，余下的 5600 万美元用于投资企业、机械设备和车辆集团。2018 年增加 81 条 400kV 输电线路，共 591km；1 条 380kV 海底电缆，共 4.5km；214 条 154kV 输电线路，共 4593km；84 个 400kV 变电站，共 17.275GVA；251 个 154kV 变电站，共 13.9GVA。

7.2.1.5 国际业务

2015 年 4 月 14 日签署“包含操作手册中的标准和义务”的《长期协议》之后，欧洲互联电网与土耳其输电公司于 2016 年 1 月 16 日签署了观察员会员协议，TEIAS 成为欧洲互联电网的第一个也是唯一观察员。

土耳其输电公司还与邻国签订了长期的输电协议，并建设了相应的互联输电网，络包括保加利亚、希腊、格鲁吉亚、亚美尼亚、阿塞拜疆、伊朗以及叙利亚。

7.2.1.6 科技创新

由于土耳其目前的能源资源不足以满足需求，因此必须增加发电设施的数量，实现能源资源、技术和基础设施的多样化。由于地理位置优越，土耳其拥有丰富的水能、风能和太阳能等可再生能源。土耳其输电公司将大力发展可再生能源，特别是水能、风能和太阳能。据估计，到 2030 年，土耳其能源产业需要投资超过 2600 亿美元，以满足其不断增长的能源需求。

7.3 碳减排目标发展概况

7.3.1 碳减排目标

土耳其于 2021 年 10 月批准了《联合国气候变化框架合约巴黎协定》。当时，土耳其提交了 2015 年国家自主贡献作为其国家自主贡献，目的是在 2030 年无条件地使包括土地利用、土地利用的变化和林业在内的温室气体排放量比基准政策场景（BAU）预测减少 21%。国家自主贡献（NDC）提交的文件包括参考基准政策场景 2030 年排放量 1175 $MtCO_2e$，包括土地利用、土地利用的变化和林业，目标排放水平为 929t 二氧化碳当量。

2021 年，土耳其宣布了 2053 年的净零目标。此后，土耳其新成立的气候委员会于 2022 年 2 月召开会议，制定路线图，以实现该国的 2053 年净零排放和绿色发展目标。土耳其预计将在年底前提交更新的 NDC 以及长期低温室气体排放发展战略（LTS）。

7.3.2 碳减排政策

《国家气候变化战略（2010—2023 年）》《国家气候变化行动计划（2011—2023 年）》和《第 10 个发展计划（2014—2018 年）》为土耳其的大部分气候变化政策和措施提供了基础。《第 11 个发展计划》于 2019 年 7 月发布，主要关注能源安全而不是脱碳。土耳其目前并没有在脱碳上采取较多的措施，与其承诺的 2030 年前将升温限制在 1.5℃以内的措施完全不一致。

7.3.3 碳减排目标对电力系统的影响

土耳其的目标是到 2023 年可再生能源发电份额达到 38.8%，并制定了各种发展可再生能源的支持计划，但实际的建设情况不容乐观。

土耳其目前还在继续建设新的燃煤电厂，以满足其不断增长的能源需求，预计需求每年将增长 4%~6%。《能源战略（2019—2023 年）》计划 2023 年的使年发电量比 2019 年增加 44%。

7.3.4 碳减排相关项目推进落地情况

土耳其《2014 年国家可再生能源行动计划（NREAP）》的目标是将可再生能源容量从 2013 年的 25.5GW 增加到 2023 年的 61GW。其轨迹表明，不包括水电的可再生能源从2012年的13.5%逐渐上升到2015年的15.3%和2023年的20.5%。土耳其在2019年实现了6GW的太阳能装机容量，已经超额完成了到2023年实现5GW太阳能装机容量的目标；2019年年底的风电装机容量为7.6GW，合计占总装机容量的15%。在《第11个发展计划》中，土耳其政府将可再生能源在总电力生产中的份额目标提高到2023年的38.8%，但是，没有2023年之后目标。在2020年的前5个月，可再生能源发电总量占比为52%。

2016年，土耳其政府推出了"可再生能源资源区（YEKA）战略"，这是一个招标程序，用于在被认为最适合发电的"可再生能源指定区域（REDAs）"进行可再生能源发电，并于2017年3月首次拍卖太阳能光伏电站，2017年8月拍卖陆上风电场。第三次陆上风电场拍卖（1GW）已于2019年5月由德国—土耳其财团（Enercon-Enerjisa）拍下。最近的拍卖价格显示，与化石燃料能源价格相比，可再生能源行业竞争非常激烈，土耳其核能价格和安装成本是世界上最低的。

YEKA流程要求开发商包括国内企业建立国内工厂，为当地劳动力创造就业机会并投资于研发。2017年，西门子-Türkerler_Kalyon财团赢得了第一次YEKA招标。2019年11月，该财团建立的风力涡轮机生产工厂开始运营。

尽管土耳其能源和自然资源部计划在未来十年内增加10GW的太阳能发电装机容量和10GW的风电装机容量，但从2023年中的推进进度来看，想要达到这样的可再生能源发展程度还为时尚早。从积极的方面来看，如果土耳其要实现其到2024年将其风能和太阳能装机容量增加近21GW的计划，它将成为欧洲可再生能源数量排名前五的国家之一。

7.4 储能技术发展概况

7.4.1 储能技术发展现状

土耳其是亚洲地区较早发展可再生能源的国家。土耳其于2021年承诺将每年增加1GW的光伏风电和风力发电，这也将创造较大的储能系统开发空间。该国的能源监管机构已经采取行动，让储能市场参与进来，当地的公司已经准备好交付。土耳其是亚洲地区为数不多的储能政策走在市场发展前面的国家。

7.4.2 主要储能项目情况

截至目前，土耳其储能项目的切入点是一些相对较小的项目，这些项目用作演示和评估，以确定正确的用例和市场方向。但在政策制定上，土耳其远远领先于其市场发展。

土耳其能源市场监管局（EMRA）于 2021 年裁定，应允许能源公司开发储能设施，无论是独立的、与并网发电配套的还是与能源消耗相结合的，例如大型工业设施。在能源市场监管局的推动下，土耳其也在进一步调整《能源法》，以适应储能应用，使其能够提升可再生能源装机容量，同时缓解电网容量限制。如果配套安装与原可再生能源设施容量（以 MW 为单位）相同的储能装置，那么开发商、投资者或发电商就能够在此基础上增加可再生能源的装机容量。

此外，土耳其还允许独立的储能开发商在输电线路、变电站层面申请并网能力。土耳其政府不需要投资基础设施来容纳额外的容量，而是由私人公司以储能的形式部署，从而防止电网上的变压器过载。

另外，土耳其有关部门正在讨论可再生能源与储能配套的具体比例。根据目前透露的消息，土耳其新建的可再生能源项目的装机容量与配套储能的比例预计将定为 2∶1。具体的数字将在 2023 年左右确定。

7.4.3 储能对碳中和目标的推进作用

土耳其的储能建设远落后于其法规配套。目前土耳其暂无成建制的储能配套设施，更多的还是作为分布式离网电源的配套项目，大多数不会高于 1MW 的规模。因此储能对土耳其的碳中和目标的推进作用较小。

7.5 电力市场概况

7.5.1 电力市场运营模式

7.5.1.1 市场构成

随着 2001 年《电力市场法》（4628 号）、2013 年《电力市场法》（6446 号）以及相关配套法律法规的相继出台，除输电之外的发电、配电、售电等活动已基本开放，任何主体向能源市场监管局（EMRA）申请取得相应电力许可后即可进入该领域。

土耳其电力分销网络分为21个分销区域，其中20个由原土耳其配电公司（TEDAS）所有，另一个由私人方（即开塞利地区）所有。在将土耳其配电公司纳入私有化计划后，土耳其配电公司拥有的20个分销区域各自成立了一家独立的分销公司。

7.5.1.2 结算模式

经过大刀阔斧的电力市场改革，土耳其电力交易行为主要通过（满足特定用电量标准）与消费者签署短期双边售电协议，以及由日前市场和日间市场组成的电力批发市场进行。

在日前市场下，买卖双方在每日预先将下一日每小时时段的需求电量、可发电量、购电报价和售电报价提交至电力市场交易中心，并通过市场机制形成具体成交价格；日前市场交易每天进行，每小时一次。交易参与者可以在前一天市场中的特定时间段内提交报价。清算价格主要有两种：市场清算价格是前一交易日中的平均价格；系统边际价格是在平衡电力市场范围内，根据相应的指令获得的报价。

日间市场则是对日前市场的补充，目的在于应对每日的突发用电需求，以确保当日电力市场的供需平衡，极大地促进了电力市场的可持续性，减少日前市场价格差异过大对当日市场的冲击。日间市场目前普及率较低，仅占总交易量的1%。

电力批发市场由短期双边售电协议组成，短期双边售电协议主要由发电商和消费者直接协商和签署，其合同价格的形成也体现了充分的市场竞争。

7.5.2 电力市场监管模式

7.5.2.1 监管制度

土耳其发电公司（EUAS）的批发关税由土耳其发电公司申报给能源市场监管局批准。应该注意的是，此关税仅适用于土耳其发电公司向授权供应公司提供的，需供应给非合格客户和最后客户的电力供应部分，对于最终供应给符合条件的消费者的部分，土耳其发电公司可以自由协商销售价格，并确定与交易对手的最终销售价格。私营批发公司（供应公司）可以通过双边协议向符合条件的消费者出售电力。此外，他们也可以在日前和日间市场上出售电力。

7.5.2.2 监管对象

土耳其所有分销公司的私有化进程已经完成。在私有化时，分销公司能够进行零售活动。然而，自2013年1月1日起，分销公司将其分销和零售活动分拆为独立的法人实体，由此类分拆而建立的零售公司被称为“授权供应商”。《电力市场法》规定，分销公司不得从事除分销以外的任何活动，也不得成为从事任何其他市场活动的法人实体的直接股东。然而，《电力市场法》允许配电公司提供市场外活动，能源市场监管局认为这些活动将提高配电活动的效率。根据《电力市场法》，分销公司有义务在其业务和交易中独立行事，不受任何控制相关分销公司的法人的干涉。在配电公司担任副总经理或以上级别的董事会成员和高级管理人员，不得在与配电公司同等控制的发电和授权供应公司中任职，这些管理人员也不得在控制公司的董事会或类似机构或控制公司所属的其他公司任职，有组织的工业区也有权在其相应范围内开展分销活动，条件是他们获得该有组织的工业区分销许可。

7.5.2.3 监管内容

由于土耳其电力市场正处于私有化的改革过程中，电力市场的法律法规不断更新。其中目前最为主要的法律是2013年3月生效的《电力市场法》（6446号），规定了包括发电、输电、配电、批发、零售、进口、出口电力在内的所有电力市场参与主体的权利和义务。

对比之前，新颁布的《电力市场法》一大亮点是对原来的能源批发交易市场进行了改革。土耳其能源市场原由市场金融调解中心运作，而新《电力市场法》规定，设立能源市场运作股份公司进行市场运作，包括运作电力批发市场和进行与电力批发市场相关的金融调解。能源市场运作公司进行市场运作应获得电力市场监管局（EMRA）的许可，其大股东为土耳其输电公司TEIAS和Borsa Istanbul，各占30%股份，剩余股份由多家股东分散持有。

根据《电力市场法》，土耳其电力市场主体主要包括发电、输电、配电、批发、零售、进口、出口电力的参与主体。各市场主体都应遵循相关法律法规，履行相应的义务，以保证土耳其电力市场的正常稳定运行。

7.5.3 电力市场价格机制

能源市场监管局每年根据土耳其输电公司的提议，决定年度输电业务收费费率。能源市场监管局每年会公布一个列明 14 个不同费率区间的费率表，该表适用于输电系统使用人和发电公司。2018 年土耳其输电公司提供的日前市场平均价格为 26.86 美元 /MWh。

第8章

新加坡

8.1 能源资源与电力工业

8.1.1 一次能源资源概况

新加坡矿产资源极其贫乏，仅在岛中部的武吉知马山分布有锡矿、辉钼矿和绿泥石等小矿藏，其他矿产均需进口，锡矿也已很早被采尽。新加坡水资源极度匮乏，淡水主要依靠从国外引入。为了防止因水而受制于人，新加坡在水资源的开发利用方面一直不遗余力。如今，通过一系列水务技术上的创新，新加坡正逐渐成为水资源能够自给自足的国家，当前可满足国内 60% 以上的用水需求。

根据 2022 年《BP 世界能源统计年鉴》，新加坡的原油加工产能达到 146 万桶 / 天，原油进口总量达到 4700 万 t。新加坡 2021 年的一次能源消费量达到 8269.4 万 t 油当量，其中石油消费量为 7002.7 万 t 油当量，天然气消费量达到 1147.2 万 t 油当量，煤炭消费量为 71.7 万 t 油当量。

8.1.2 电力工业概况

8.1.2.1 发电装机容量

新加坡的发电装机容量从 2019 年的 12562.8MW 略微增长至 2021 年的 12582MW，增加的装机容量主要是太阳能光伏发电。其中天然气发电、热电联产发电和生物质发电占比 83.4%（10491.4MW），汽轮机发电占比 10.8%（1363.6MW）。剩余装机容量中，开放式循环燃气轮机发电、垃圾能源发电和太阳能光伏发电分别占 1.4%（180.0MW）、2.0%（256.8MW）和 2.4%（290.2MW）。多年来，新加坡将汽轮机发电厂重新并入更高效的燃气发电厂、热电联产发电厂和第三代生物质发电厂，导致汽轮机发电厂的许可发电容量从 2005 年的 4640MW 下降到 2021 年 12 月底的 1363.6MW。新加坡 2021 年发电装机结构见图 8-1。

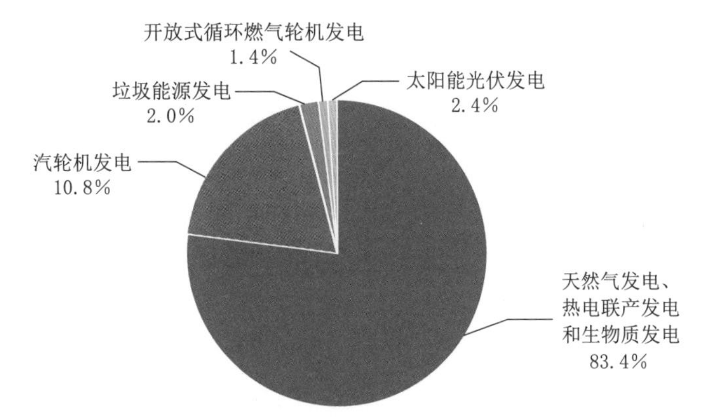

资料来源：《新加坡能源统计 2021》。

图 8-1 新加坡 2021 年发电装机结构

8.1.2.2 发电量及构成

2021 年，新加坡发电量 55TWh，比 2017 年的 52.9TWh 增长了 2.5%。天然气在各发电类型中的占比为 95.6%。新加坡 2017—2021 年主要能源发电量占比见图 8-2。

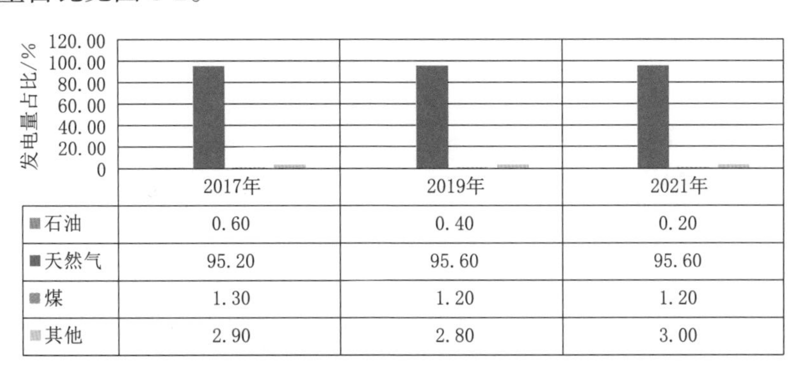

	2017年	2019年	2021年
石油	0.60	0.40	0.20
天然气	95.20	95.60	95.60
煤	1.30	1.20	1.20
其他	2.90	2.80	3.00

资料来源：《新加坡能源统计 2021》。

图 8-2 新加坡 2017—2021 年主要能源发电量占比

新加坡近六年主要用电量构成见图 8-3。新加坡的总用电量从 2018 年的 50.4TWh 上升 2.5% 至 2019 年的 51.7TWh。

新加坡的电力消费中，可竞争消费者构成了大部分电力消费，占 2019 年总消费量的 78.8%，其余来自非可竞争消费者。大多数可竞争消费者归属于工业相关领域（41.5%，21.4TWh），其次是商业相关领域（37.3%，19.3TWh）。商业相关行业用电量的整体增长归因于 2019 年信息和通信行业（增长 11.7%）以及科研行业（增长 12.2%）的强劲增长。批发和零售贸易行业用电量小幅下降 1.2%。非可竞争总消费者中居民用电占总用电量的 14.9%（7.7TWh），而交通相关领域用电占 5.8%（3TWh）。

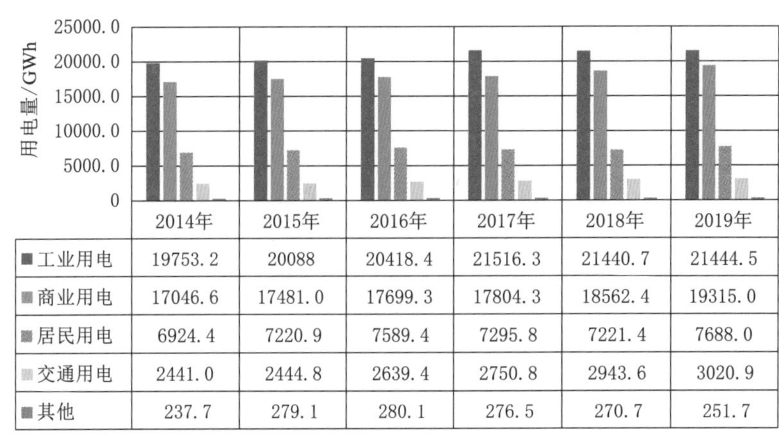

	2014年	2015年	2016年	2017年	2018年	2019年
工业用电	19753.2	20088	20418.4	21516.3	21440.7	21444.5
商业用电	17046.6	17481.0	17699.3	17804.3	18562.4	19315.0
居民用电	6924.4	7220.9	7589.4	7295.8	7221.4	7688.0
交通用电	2441.0	2444.8	2639.4	2750.8	2943.6	3020.9
其他	237.7	279.1	280.1	276.5	270.7	251.7

资料来源：《新加坡能源统计 2020》。

图 8-3　新加坡近六年主要用电量构成

8.1.2.3　电网结构

新加坡的供电可靠率为 99.9%。新加坡坚强可靠的网架结构是其高可靠性供电的基础，辅以配电自动化技术可以使故障定位、隔离及非故障段恢复供电时间缩短至秒级，从而进一步提高供电可靠性，达到高可靠性供电的目标。目前，新加坡已经形成了 66kV 及以上电压等级电网网状连接，22kV 配电网梅花状网架结构，各电压等级实现 N–1 设计、重要用户实现 N–2 设计的网架结构。新加坡电网实现一次、二次设备同步建设，目前已经全面建成了配网自动化系统。

新加坡目前电压等级分为 400kV、230kV、66kV、22kV、6.6kV 和 400V/230V 等，其中 66kV 及以上为输电网，22kV 及以下为配电网。各电压等级线路全部采用地下电缆，全户内配电装置。

新加坡 66kV/22kV 配电网采用梅花状网架结构，变电站每 2 回馈线构成 1 个环，闭环运行，不同变电站的每 2 个环网又相互连接，闭环运行，互为备用，每个花瓣状配电网的负载率控制在不超过 50%。新加坡城市电网扩展见图 8-4。

8.1.3　电力管理体制

8.1.3.1　机构设置

能源市场管理局（EMA）是新加坡贸易和工业部下属的法定委员会，其主要目标是确保可靠和安全的能源供应，促进能源市场的有效竞争，并发展能源部门，为寻求经济稳定增长打造一个积极的能源格局。

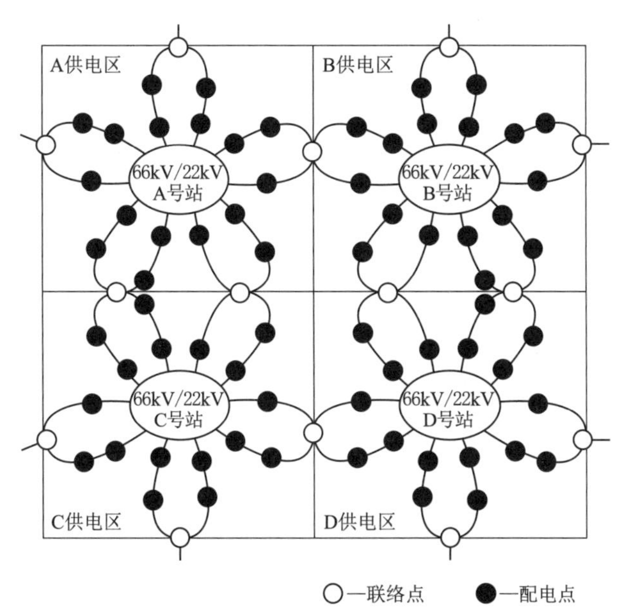

资料来源：黄河、田浩.新加坡电网高可靠性供电方案分析[J].电力建设，2015（11）.

图 8-4 新加坡城市电网结构图

能源市场管理局主要有三个方面作用：作为电力系统运作方，负责运营为家庭、企业、工厂等供电的关键性基础输电设备；作为产业监管方，监管新加坡的电力和天然气行业以及区域供冷服务以促进公平竞争，同时保护消费者的利益；作为产业开发者，通过提升人力资源，推动创新和建立思想领导力，在行业发展方面发挥积极作用。

8.1.3.2 职能分工

能源市场管理局下辖五个部门：产业管理司、电力系统运营司、企业服务集团、经济管理司、能源规划和发展司。详细组织结构见图 8-5。

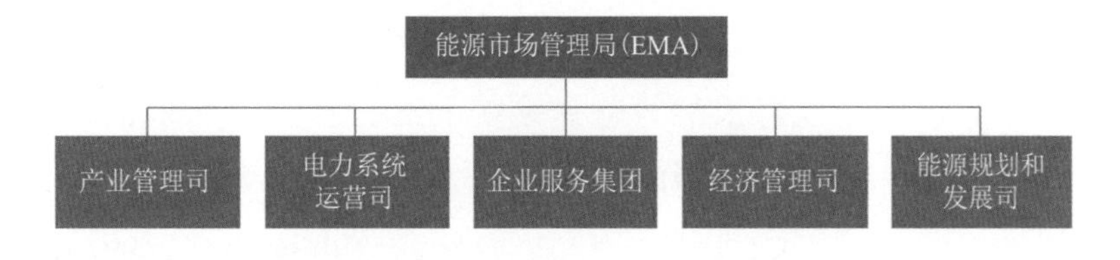

资料来源：新加坡能源市场管理局官网。

图 8-5 新加坡能源市场局组织结构

（1）产业管理司。制定行业业务守则和业绩标准，对电力、城市燃气和天然气行业进行监管，以确保供应的充足性和可靠性； 该司还负责签署电气装置和气体装置的许可证、任免合格人员和执行安全规定，负责监督土地事务、电力和天然气基础设施的物理和网络安全，以及监督能源市场管理局及其许可证持有者的应急准备。

（2）电力系统运营司。属于电力系统运营商性质，负责新加坡电力系统的安全运行，并确保向消费者供电的安全性。

（3）企业服务集团。负责构建能源市场管理局内部的统一协调性。新加坡能源市场管理局官网通过与能源市场管理局的各个部门合作，企业服务集团确保能源市场管理局尽可能高效地运作。

（4）经济管理司。经济管理司主要监管电力和天然气行业。其主要职责是通过对能源市场发展的监督，以及市场参与者的经济监管和派发许可，促进竞争以及保障市场行为公平有效。

（5）能源规划和发展司。能源规划和发展司成立于 2007 年 9 月，当时能源市场管理局的任务范围扩大，除了监管和电力系统运营职能外，还作为能源开发机构。该司负责监督能源市场管理局在能源领域工作的规划和发展。能源规划和发展司的关键作用如下：

1）发展和利用现有知识和能力，为新加坡制定长期能源战略和计划。

2）推动新加坡能源产业的发展，并建立动态能源格局。

3）推动新加坡与能源领域的主要国际参与者和组织的关系和合作。

8.1.4 电力调度机制

新加坡的电力调度由电力系统运营机构（PSO）负责，而电力系统运营机构是新加坡能源市场公司的组成部分。电力系统运营机构负责为消费者提供可靠的电力供应，以及新加坡电力系统的运营。电力系统控制中心（PSCC）是其发电和输电系统的神经中枢，负责发电厂的输电系统和发电机，并全天候确保系统安全。由于天然气和电力系统紧密相连，电力系统运营机构还监督天然气输送系统的运行。为确保未来的发电和输电能力保持充足和可靠，电力系统运营机构也开展电力系统研究。此外，它还评估新发电厂的影响以及电力和燃气输送许可证持有者的输电扩展计划。

1. 基本系统

新加坡的电力供应和输送通过最先进的关键任务系统进行监控，其基本组成包括能源管理系统、气体监测系统、可中断负载监控系统和分布式发电机监控系统。

2. 系统规划

PSO 通过详细的系统规划，确保新加坡的电力系统（包括研究大型集中和小型分布式发电厂、输电网络、控制和通信设施）安全可靠。

3. 系统操作

电力系统运营机构系统操作员团队全天候监控和控制发电和输电系统以及气体传输系统。每班工作 8 小时，由经验丰富的控制经理领导，并由四名技术主管协助。电力系统运行程序和新加坡电力应急计划规划了行业参与者必须遵守的作业标准和程序，用以维护安全可靠的电力系统。

4. 市场活动

电力系统运营机构与各种市场参与者合作，确保其遵守运营标准和义务。这些活动包括设施注册、调度指示、合规监控、充足性和安全性评估以及争议管理等。

5. 预算费用

电力系统运营机构需要公布连续五个财年的预算和实际支出费用，包括主要的运营支出，如人力、租赁、公用事业、系统维护、设备折旧和企业服务。根据“市场规则”，如果在每个财政年度结束时发生不足或过度恢复，则必须公布修订后的支出和收入要求以及当前五年财政期间剩余时间的费用表，并应该在合理的情况下尽快实行。

6. 运营统计

PSO 对电力系统运行的关键统计数据进行审查。

8.2 主要电力机构

8.2.1 新加坡能源集团

8.2.1.1 公司概况

1. 总体情况

新加坡能源集团（Singapore Power Group，SP）是亚太地区领先的能源公用事业公司。新加坡能源集团在新加坡和澳大利亚拥有并经营电力和天然气输配电业务。同时，它还拥有并经营着世界上最大的地下冷却网络，并正在中国建立区域制冷业务。新加坡超过 150 万工业、商业和住宅客户受益于新加坡能源集团的世界级输电、配电和市场支持服务。

新加坡的新加坡能源集团电网是全球最可靠和最具成本效益的电网之一。

新加坡能源集团董事会为本集团指出广泛的战略方向，并负责关键投资和融资决策。此外，董事会确保高级管理层保持强大的内部控制系统，以保护本集团的资产并检验财务表现。

2. 经营业绩

新加坡能源集团 2019—2020 年收入情况见图 8-6。2020 年，集团总收入共计 35.741 亿美元，比 2019 年 39.935 亿下降 10.5%。其中电力销售收入 16.831 亿美元，占比 47.09%，比 2019 年 21.470 亿下降 21.6%；系统使用和天然气运输收入 15.305 亿美元，占比 42.82%，比 2019 年 14.935 亿增长 2.48%；市场支持服务许可费收入 1.810 亿美元，占比 5.06%，比 2019 年 1.674 亿增长 8.12%；代理收入 1.100 亿美元，占比 3.09%，比 2019 年 1.062 亿增长 3.58%；区域制冷服务收入 0.695 亿美元，占比 1.94%，比 2019 年 0.794 亿下降 12.47%。2020 年各种收入占比情况见图 8-7。

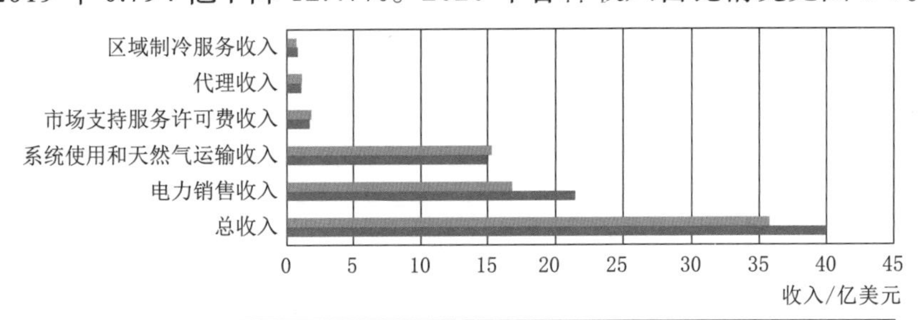

年份	总收入	电力销售收入	系统使用和天然气运输收入	市场支持服务许可费收入	代理收入	区域制冷服务收入
■2020年	35.741	16.831	15.305	1.810	1.100	0.695
■2019年	39.935	21.470	14.935	1.674	1.062	0.794

图 8-6　新加坡能源集团 2019—2020 年收入情况（单位：亿美元）

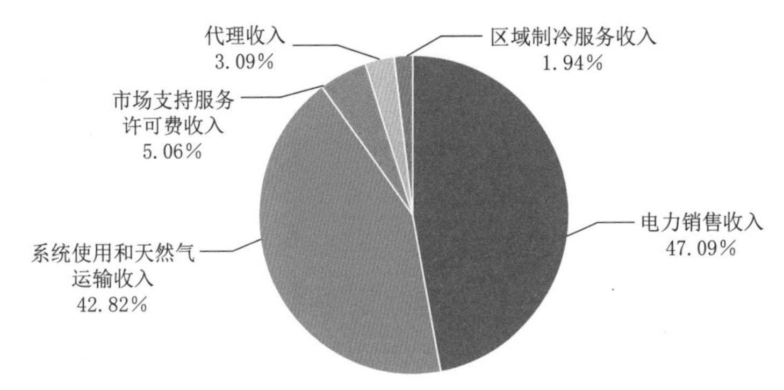

图 8-7　新加坡能源集团 2020 年各种收入占比情况

8.2.1.2　历史沿革

新加坡能源集团是公用事业局前电力和燃气部门的公司化实体，于

1995 年 10 月首次作为商业实体注册成立新加坡电力和天然气公司，以接管国家公用事业委员会的电力和天然气业务。自 1995 年以来，新加坡能源集团一直由新加坡投资基金淡马锡全资拥有，而淡马锡则由新加坡政府全资拥有。

8.2.1.3 组织架构

1. 主要子公司

（1）Power Gas。新加坡唯一获得许可运输天然气和燃气系统的运营商，负责运输天然气和城市燃气。它拥有并经营新加坡的所有天然气管道，并负责通过其天然气管网向用户输送天然气；另外还运营新加坡燃气系统以及从一个苏门答腊岛传输来的天然气系统。

（2）SP Power Assets。成立于 2003 年 10 月，是新加坡唯一的输配电服务提供商。它拥有传输许可证，拥有包括变电站和地下电缆等在内的主要输电和配电网络。

（3）SP Power Grid。成立于 2003 年 10 月，由 SP Power Assets 管辖，负责管理其业务，包括传输网络的管理和分销网络的运营。SP Power Grid 在网络开发和管理方面已通过 ISO 9001：2000 认证。其主要职则包括网络规划、项目管理、网络管理、控制和通信以及状态监测。

（4）SP 服务。为新加坡的电力、水和管道燃气供应提供综合客户服务。拥有市场支持服务许可证，提供抄表服务、仪表数据管理，便于客户注册和零售商之间的转移，作为代表零售商或可竞争消费者从批发电力市场购买电力，然后以公布的关税提供电力给住宅和小企业。它还为公用事业提供商提供计费和支付服务，包括电力传输费、水费、卫生设备费、燃气供应费和垃圾费。

（5）SP Telecom。作为网络基础设施提供商，SP Telecom 在新加坡拥有、建立或支持通信和基础设施服务。

2. 主要合资企业

（1）电力自动化公司（Power Automation）。由新加坡能源集团于 1995 年 7 月与西门子共同成立的合资公司，为亚太地区的保护系统、变电站控制和能源管理以及信息系统提供工程服务。

（2）新加坡区域冷却公司（Singapore District Cooling）。新加坡能源集团于 2000 年 9 月与 Dalkia 共同成立的合资公司，作为合作伙伴，在

Marina South New Downtown 实施区域冷却试点项目。区域冷却是一项新的城市公用事业服务，服务内容是集中生产冷冻水，以便分配给用于商业建筑的大型空调。

8.2.1.4 业务情况

新加坡能源集团旗下的子公司 SP Power Assets 是新加坡目前唯一拥有输电执照、负责输电网与配电网的输配电企业。其拥有新加坡国内主要的输配电资产，为新加坡全国超过 150 万商业和住宅用户提供电力传输、分配及市场支持服务。

在新加坡的电力市场中，新加坡电网公司 SP Power Assets 是唯一的输电公司，拥有所有的电网并负责电网的运行和维护，具有完全的垄断地位。因此，不论是居民用户、商业用户、工业用户、交通用户或其他用户，所用的电均是由新加坡电网公司运输而来。公司输配电量中各类用户的比重见图 8-8。

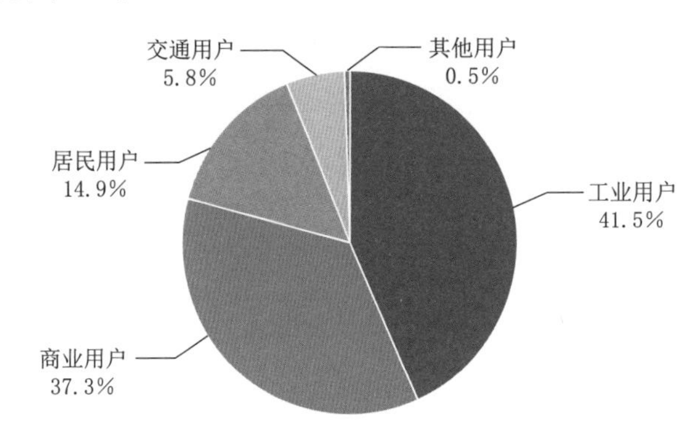

资料来源：《新加坡能源统计 2020》。

图 8-8 新加坡电网公司输配电量中各类用户的比重

8.2.1.5 国际业务

（1）AusNet Services：通过其全资子公司新加坡能源国际公司 Singapore Power International Pte Ltd，拥有 AusNet Services 31.1% 的股份，澳洲资产公司（SPIAA）40% 的股权。AusNet Services 的资产包括澳大利亚维多利亚州的输配电网络和天然气配送资产及技术咨询业务。AusNet Services 在澳大利亚证券交易所（ASX）和新加坡交易所（SGX）上市。

（2）澳大利亚资产公司（SPIAA）：通过其全资子公司新加坡能源国际公司，拥有澳洲资产公司（SPIAA）40% 的股权。

（3）SPI Seosan 热电联产和水处理：新加坡能源集团在韩国的投资，

为韩国最大的石化公司之一三星道达石化公司提供电力、蒸汽和水处理服务。

（4）EverPower IPP：新加坡电力在中国台湾的投资包括 Ever Power IPP 公司 25% 股权，该公司是一家独立电力生产商，为中国台湾电力公司供电。

8.2.1.6 科技创新

新加坡能源市场管理局推出两项合作计划，拟出资 1200 万元，推动新加坡研究机构和企业研发创新能源科技。其中一项计划是与新加坡国际港务集团合作，减少港口运作的整体能源消耗量和碳排放量。新加坡能源市场管理局和新加坡国际港务集团已联合发出征集计划书，邀请公众对在巴西班让集装箱码头设立智能电网科技和能源管理系统提出建议。另一项计划是与蚬壳石油公司合作，为分布式发电、能源储存系统和物联网等新兴领域提供能力建设和资金支持。此外，能源局和蚬壳石油公司将设立企业发展计划，培育新加坡能源起步公司，协助将创新技术推向市场。

8.3 碳减排目标发展概况

8.3.1 碳减排目标

2022 年 11 月，新加坡提交了更新后的国家自主贡献（NDC），设定了将 2030 年温室气体排放量限制在 60 $MtCO_2e$，低于之前 65 $MtCO_2e$ 的目标。在更新后的 NDC 中，新加坡将其排放峰值年从 2030 年提前到 2030 年之前，但没有明确确切的峰值年份。通过此次更新，新加坡设定了 2030 年的目标，低于现行政策下的排放量，但仍比达到 1.5℃兼容路径的公平份额高出 87%。新加坡需要制定更严格的目标和政策，以进一步减少排放以达到 1.5℃的升温极限。

新加坡还确认 2050 年是实现净零排放的目标年，并提交了其长期低排放发展战略（LT-LEDS）的附录。在 LT-LEDS 中，新加坡旨在将其努力定位于行业、经济和社会，并利用新兴技术，包括 CCUS 和基于市场机制方面的国际合作。 然而，LT-LEDS 并未就政府打算如何实现净零排放以及其政策和措施将在多大程度上有助于实现所需的减排提供明确的政策指导。

8.3.2 碳减排政策

新加坡的碳减排战略基于三个领域：提高能源和碳效率、减少发电中的碳排放，以及发展低碳技术。

提高整个经济的能源效率是新加坡缓解战略的支柱。在其最新的《国家气候行动计划》中，政府列出了许多提高所有部门能源效率的政策，包括《节能法》、绿色标志认证和能源标签计划，以及家用电器能源绩效标准等。政府还制定了到 2030 年 80% 的建筑物获得绿色建筑认证的目标。2017 年，《节能法》得到加强，要求所涵盖的能源用户由独立的第三方验证其监测计划。

但除此以外，新加坡并没有针对减排做出法律层面上的强制要求，导致实际的减排效果较为有限。

8.3.3 碳减排目标对电力系统的影响

可再生能源在电力部门的减排战略中发挥作用：为了实现能源结构的多样化，新加坡近年来扩大了太阳能产能，从 2014 年的 26MW 太阳能光伏装机容量增加到 2020 年的 350MW。与马来西亚的 100MW 进口试验正在进行中，与澳大利亚的太阳能电缆项目可能会引入太阳能。住宅光伏以及在河流和水库上开发的浮动光伏和在综合工业设施上的分布式光伏部署也是重点的考量范围。

尽管土地有限，新加坡还是在 2020 年实现了 350MW 太阳能装机容量的目标，并计划到 2025 年达到 1.5GW 的太阳能装机容量，到 2030 年达到 2GW。最近的公告表明，它正在追求电网区域化，并寻求利用最近的 LT-LEDS 目标来发展区域电网，以便在其他经济体获得低碳电力。因此，新加坡已开始根据老挝—泰国—马来西亚—新加坡电力整合项目从老挝通过泰国和马来西亚进口可再生能源。它还在国际上资助大型可再生能源项目，目标是在 2035 年通过进口满足其 30% 的电力需求。

8.3.4 碳减排相关项目推进落地情况

新加坡还通过其在其他国家的投资行为来践行其对减缓气候变化的承诺。政府控制的新加坡开发银行（DBS）于 2019 年 4 月宣布将停止为全球新的燃煤发电厂提供资金。星展集团在最近的媒体上发出了进一步的积极信号，承诺减少动力煤使用，并在2039年之前实现净零排放。

新加坡正在探索利用碳捕获、利用和储存技术（CCUS）和绿色氢能等新兴低碳解决方案帮助其降低排放强度。例如，新加坡国立大学最近与胜科工业合作，成立了一个耗资2500万新元的研究机构，旨在生产绿色氢能和氢运输船用于储存和运输。在宣布净零年时，新加坡总理指出，“低碳氢”对新加坡来说是一个越来越有前途的解决方案，并启动了国家氢能战略，以扩大低碳氢的投资和部署。

8.4 储能技术发展概况

8.4.1 储能技术发展现状

新加坡暂无特定的储能政策。但新加坡政府为之后的可再生能源发展（在2025年实现2GW的可再生能源装机容量）设立了200MW的储能目标，该目标预计于2025年实现。其储能目标设置的主要原因在于，新加坡每日周期内高峰和低谷之间的差异可能高达30%，需要额外的基础设施容量来满足高峰需求，因此使用储能系统来平衡高峰和低谷需求可以节省此类基础设施成本。

8.4.2 主要储能项目情况

虽然新加坡设立了2GW可再生能源装机容量的目标，但同时，新加坡政府也多次表示，新加坡在未来五十年将依旧以化石能源，特别是天然气为主。因此，新加坡的可再生能源发展动力较为欠缺，相关项目的开发也是以实验性质项目为主。

鉴于以上情况，目前新加坡国内的储能项目总体规模较小。新加坡于2020年刚刚建设国内第一个兆瓦规模以上的储能设施，为2.4MW/2.4MWh锂离子电池系统，目前已安装在SP集团（原新加坡电力）变电站。该项目主要为实验项目，旨在评估储能解决方案在新加坡炎热、潮湿和高度城市化环境下的性能和安全性，并为未来部署储能设施提供指导。此外，新加坡还在建一座海上浮动式储能设施，该设施总装机容量约7.5 MW，同样也属于实验性质的项目。由于气候原因，试验台将采用一种创新的液体冷却方案，利用海水冷却电池，以延长系统的生命周期。

8.5 电力市场概况

8.5.1 电力市场运营模式

8.5.1.1 市场构成

新加坡电力市场包括电力批发市场和电力零售市场。电力批发市场方面，规定发电公司必须每半小时在电力批发市场上竞标出售电力。根据电力需求和供应情况，电力批发市场的电价每半小时变化一次。电力零售商从电力批发市场批量购买并向消费者出售电力。

自2001年以来，能源市场管理局（EMA）逐步开放电力零售市场以进行竞争。这是为了让消费者在购买电力时享受更多选择和灵活性。消费者还将享受有竞争力的价格和创新优惠，同时享受相同的电力供应。开放电力市场标志着市场自由化努力的最后阶段，新加坡的所有消费者都可以选择他们想要购买的电力。

当前新加坡电力市场成员主要包括市场监管者（EMA）、市场交易中心（EMC）、调度中心（PSO）、输配电运营商（目前是SP Power Assets公司）、发电商、市场服务商（目前是SP Services Ltd，即新能源服务有限公司，而且是唯一的）、电力零售商（MRP）、客户。其中，SP Power Assets和SP Services Ltd是同属于SP（Singapore Power）的两个独立子公司。对终端客户而言，为他们提供营销服务的主要有三个市场成员，即输配电运营商、市场服务商和电力零售商。

在电力市场份额方面，新加坡电力市场有三大主要供电商（MPP），即圣诺哥（Senoko Energy）、西拉雅（YTL Power Seraya）和大士（Tuas Power）。三大供电商在2005年合计占新加坡电力市场总额的83%，但近年来随着现有的其他小型供电商的扩大以及新供电商（主要是Pacific Light Power及Tuaspring）的进入，电力市场竞争日益激烈从而导致三大供电商的电力市场份额大幅下降，目前三大供电商合计占市场总额的53.6%（2019年度数据）。新加坡2019年电力市场份额结构见图8-9。

8.5.1.2 结算机制

自2019年5月1日起，新加坡电力市场正式迎来全面开放的局面，全岛约140万个家庭和商业电力用户都能自行买电，选择最符合自己需求的公司。电力用户可以通过定制价格向电力零售商购电，或者选择通过新能源服务有限公司（传统供电公司）间接向电力批发市场购电，或者直接在电力批发市场购电，还可以继续以管制定价向新能源服务有限公司购电。

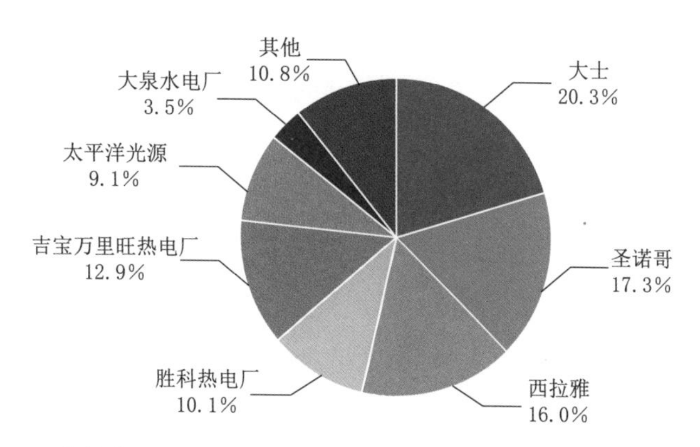

资料来源：新加坡能源市场管理局官网。

图 8-9 新加坡 2019 年电力市场份额结构

8.5.2 电力市场监管模式

8.5.2.1 监管制度

批发电力交易始于 2003 年，电力每半小时通过电力批发市场［称为新加坡国家电力市场（NEMS）］进行交易。市场交易中心负责管理市场规则。市场规则规定了新加坡国家电力市场运营的各个方面，包括市场公司和市场参与者的活动，以确保透明和有竞争力的交易环境。

国家电力市场辖规则变更小组、市场监督合规小组、争议解决顾问三个监管机构。

（1）规则变更小组（RCP）。对市场规则的拟议修改进行审查。此后，向能源市场公司委员会提出建议，并将能源市场公司委员会的决定提交给能源市场管理局进行认可。

（2）市场监督合规小组（MSCP）。根据新加坡电力市场规则成立的独立机构。其作用是识别是否违规并评估市场的基础结构是否与竞争市场的有效和公平运作相一致。市场监督合规小组建议采取补救措施，并有权采取执法行动。市场监督合规小组每年都会发布一份报告，评估新加坡国家电力市场的竞争状况、效率和合规性。国家电力市场的市场评估部门为市场监督合规小组提供支持。

（3）争议解决顾问（DRC）。市场规则包含有助于解决争议的流程。如果市场参与者或服务提供商之间发生争议，该流程由争议解决顾问管理。该争议解决流程旨在通过避免诉诸法庭诉讼程序，成为解决争议和维护市场关系的有效方式。

8.5.2.2 监管对象

市场交易中心负责监管电力市场中的所有市场主体，包括发电公司、输配电公司以及客户等，主要包括：

（1）发电许可证持有者。发电许可证持有者发电并接入电网，它们以不同的价格提供不同数量的电力，然后将所有报价汇集在批发市场以满足电力需求。

（2）可中断负荷。可中断负荷是参与批发市场的可竞争的电力消费者，并且在系统受到干扰时允许其供电中断以换取储备金。

（3）市场支持服务被许可方。市场支持服务被许可方经授权提供市场支持服务。这些服务包括消费者登记和转移、抄表和仪表数据管理、零售结算以及可竞争消费者的计费。目前 SP Services Ltd 是新加坡唯一的市场支持服务被许可方。

（4）零售电力持牌人。向可竞争消费者出售电力并获得能源市场管理局的许可，且注册为市场参与者的零售商，直接从批发市场购买电力。

（5）传输被许可方。SP Power Assets 拥有并负责维护传输系统。

（6）批发市场交易商。能源市场管理局授权在电力批发市场进行交易的发电厂或零售商以外的公司为批发市场交易商。

8.5.2.3 监管内容

市场交易中心的监管内容具体包括争议仲裁、规则修订以及对市场规则执行情况的监视。

（1）争议仲裁。根据市场规则，争议仲裁是强制性的，主要解决由市场参与者之间的费用支付以及市场交易中心取消市场参与者的市场准入资格而引起的各种争议。

（2）规则修订。在新加坡电力市场上，只有市场交易中心有规则修订权。通常情况下，规则修订由市场交易中心任命的规则修订委员会负责。规则修订委员会主要由以下人员构成：市场交易中心主管人员、PSO代表、发电商代表、输电商代表、零售商代表以及市场金融机构代表等。任何相关方都可以向市场交易中心提交修改市场规则的提案。所有对市场规则的拟议修改均由规则变更小组（RCP）审查，其成员来自电力行业和金融部门。规则变更小组将审定好的方案向市场交易中心委员会提出建议，该委员会最终提交给能源市场管理局批准。

（3）监视市场规则执行情况。为了确保市场参与者都能在市场规则约束下进行公平竞争，市场交易中心还对规则的执行情况进行监视。

8.5.3　电力市场价格机制

新加坡全面开放电力市场后，新加坡的电力定价方案相应分为两类：家庭用户定价方案及商业用户定价方案。

家庭用户定价方案又可以分为两种：固定价格方案及管制定价折扣方案。固定价格方案的具体内容为：在整个合约期内，用户按固定费率支付电费。由于有关部门每季度都会审查并确定新的受管制的电费，因此在合同期限内，用户实际承担的电费费率可能高于或低于受管制的电费。管制定价折扣方案的具体内容为：在整个合约期内，用户将享有管制定价打折的优惠（例如 5% 折扣）。新加坡能源集团会在每一个季度调整管制定价，不过最终的定价必须获得新加坡能源市场管理局的批准。

商业用户定价方案与家庭用户定价方案一样，也分为固定价格方案与管制定价折扣方案两种，具体内容与家庭用户定价方案类似。

除上述两种基础方案外，零售商还可以提供非标准的价格计划。这些计划中的电费可能不是包罗万象的，并且可能在合同期限内根据合同的条款和条件而变化。它们还可能包括经常性费用或收费，零售商可以灵活决定定价结构和合同期限。此外，在管制定价折扣方案中，零售商还可以提供奖励以及捆绑服务和产品作为其标准价格计划的一部分。总的来说，电力零售商所推出供用户选择的电力配套种类繁多，用户可根据自己的需求与偏好进行选择。

8.6　综合能源服务概况

8.6.1　综合能源服务发展现状

新加坡目前暂时没有特定的综合能源服务概念，绝大部分都是以减排、碳中和的名义来执行的项目。国家也没有专门针对综合能源出台相关政策以及整体发展规划。

目前新加坡的综合能源项目多以单个的、实验性质的项目进行。

8.6.2 综合能源服务特点

新加坡对工业部门的综合能源战略是基于提高能源和碳效率。主要政策有：2013 年的《节能法》，该法要求监测和报告大型能源用户的能源使用情况和温室气体排放情况；能源效率基金（E2F），为工业过程中的能源效率投资提供赠款和税收优惠；能源效率国家伙伴关系计划（EENP），这是一个供工业部门公司了解能源效率理念、技术、实践和标准的学习网络。新加坡正在考虑碳捕获、利用和储存的可能性，此外，还将绿色氢能作为能源载体和工业原料，这是在低排放途径公众咨询文件中提出的。

新加坡的目标是发展更绿色、更可持续的陆路交通部门，到 21 世纪中叶将陆路交通高峰排放量减少 80%。新加坡 2030 年绿色计划包括大力推动汽车电气化，这将有助于新加坡到 2040 年实现 100% 清洁能源汽车的愿景。根据其 2040 年陆路交通总体规划，新加坡的目标是到 2040 年逐步淘汰燃油车辆，并建设更多的公共交通设施以方便居民以步行和骑自行车的方式绿色出行。

政府对碳减排的缓解战略是基于提高能源效率，主要政策是绿色标志计划，该计划鼓励开发商和业主建造和维护更环保的建筑物，并要求进行重大改造工程的新建筑和现有建筑物（总建筑面积为 2000m）的能源效率比 2005 年建筑规范提高 28% 或更多。

第 9 章

以色列

9.1 能源资源与电力工业

9.1.1 一次能源资源概况

以色列自然资源比较贫乏，石油储量几乎为零，没有煤炭，水资源紧张，主要资源是死海中含有的较丰富的钾盐、镁和溴等矿产。以色列能源进口比例高达 90%。以色列电力部门很大程度上依赖于煤炭和天然气，需要购买 40% 的天然气。为了解决能源短缺问题，以色列积极开发新型能源以弥补传统能源的不足。以色列生态企业 Arrow Ecology，除了进行固态生活垃圾的处理回收，还可生产沼气和肥料，其中沼气就可以用来发电。以色列在地中海海域连续发现了多个大型天然气田，已进入开发阶段。

根据 2022 年《BP 世界能源统计年鉴》，以色列 2021 年一次能源消费量达到 2509.5 万 t 油当量，其中石油消费量为 979.9 万 t 油当量，天然气消费量为 1003.8 万 t 油当量，煤炭消费量为 382.4 万 t 油当量，可再生能源消费量为 143.4 万 t 油当量。

9.1.2 电力工业概况

9.1.2.1 发电装机容量

截至 2021 年年底，以色列国家发电装机容量达到 68.4GW，以色列电力公司占电网总容量的 76.1%，私人生产商占剩余的 23.9%。发电部门以天然气为主要能源，占 65.8%。以煤炭为次要来源，占 27.1%。可再生能源占第三位，按产能仅占 5.8%。其他能源装机容量为 1.3%。以色列 2021 年各类发电装机容量占比见图 9-1。

从历史装机容量来看，以色列正大力发展太阳能等可再生能源发电。可再生能源发电装机现已占以色列发电总装机的 5% 以上，到 2025 年短期可再生能源发电装机目标为 20%，而 2015 年太阳能装机占比仅为 3%。

以色列发电总装机容量也实现持续增长，2020 年装机容量为 18.5GW，相比 2018 年增长 1GW。以色列历史装机容量见图 9-2。

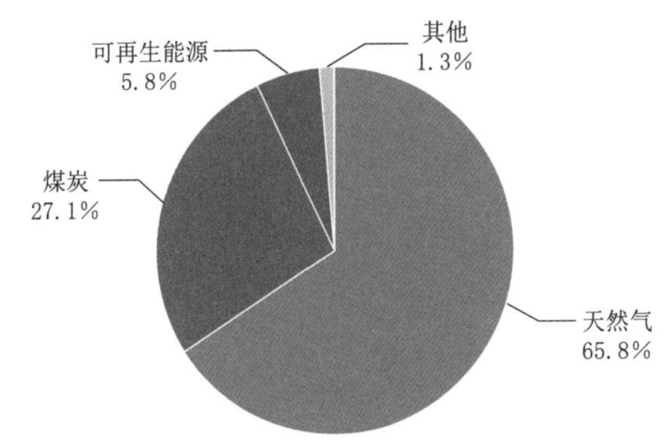

图 9-1　以色列 2021 年各类发电装机容量占比

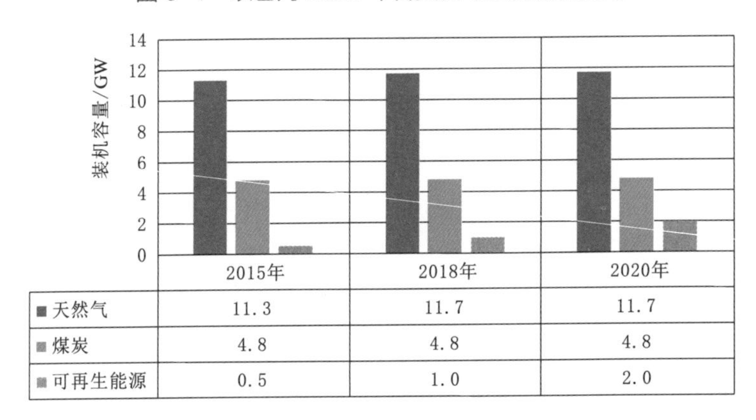

图 9-2　以色列历史装机容量

9.1.2.2　发电量及构成

以色列 2017—2020 年发电量见图 9-3。据统计，以色列的发电量在 2020 年达 68470GWh，相较于 2019 年的 67870GWh 有所增长，相较于 2017 年增长了 1.8%。

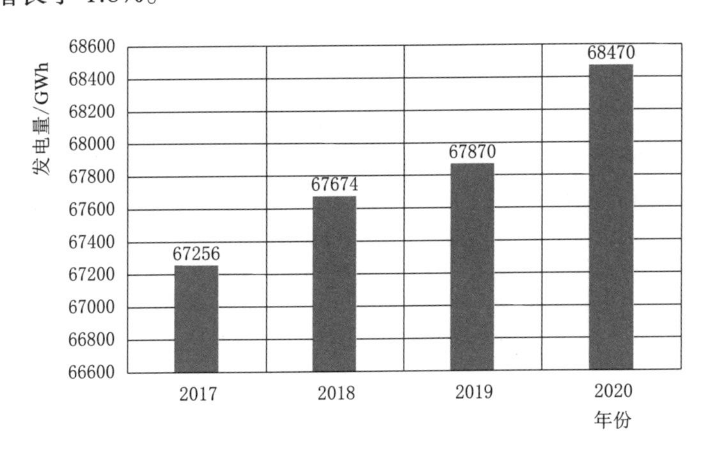

图 9-3　以色列 2017—2020 年发电量

9.1.2.3 电网结构

以色列输电网有两个电压等级，400kV 和 161kV。400kV 输电范围为宽约 60km（东西方向），长约 180km（南北方向）的区域。161kV 输电网区域更大，东西方向 100km，南北方向约 400km。以色列大约有 25 个变电站，包含大约 400 个变压器。

以色列的电网线路较为封闭，没有和任何一个邻国的电网相连。

9.1.3 电力管理体制

9.1.3.1 特点

以色列是一个电力孤岛，它的电网没有连接到邻国。能源行业由政府所有的公用事业公司——以色列电力公司（IEC）主导。该公司为国家电网提供了 91% 以上的电力，并拥有输配网络。以色列电力公司的燃料来源是化石燃料（天然气、煤炭、柴油和燃料油）。多年来，以色列政府一直在与以色列电力公司管理层和工会谈判，希望将公司拆分为独立的盈利部门。虽然近年来已经有了一个开放的过程，通过向独立的私营企业发放许可证，发电和供电部门将进入竞争，但目前该公司仍生产约 70% 的电力，为消费者提供了约 90% 的电力。

9.1.3.2 机构设置及职能分工

以色列电力监管结构见图 9-4。以色列的电力最高管理机构为以色列电力局，下辖 8 个部门，分别如下：

（1）监管部门。负责为电力市场中的各种服务提供商制定标准和关税等。

（2）融资和风险管理部门。该部门致力于通过整合模型和参数来确保以色列电力生产商的财务灵活性。

（3）许可部门。该部门负责颁发电力生产商的运营许可证，与生产、传输和分销领域的执照持有者保持联系。

（4）经济与后勤部。该部门的业务重点是监督和检查电力供应商的财务事务。

（5）以色列电力公司（IEC）。负责以色列电力生产、电网维护、运营、调度等工作。

（6）工程部。负责电力供应的可靠性和质量。

（7）公共咨询部。负责制定消费者事务领域的标准，并通过报告和现场监测对标准的实施进行监督和检查。

（8）环境保护署。侧重于电力市场运营的环境影响，促进可再生能源政策。

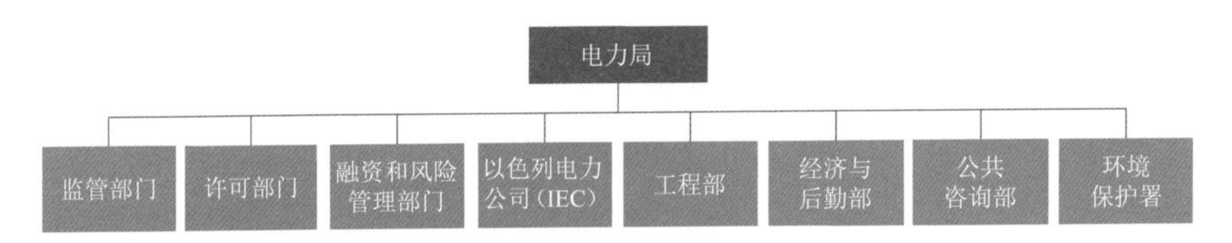

图 9-4　以色列电力监管结构

9.1.4　电网调度机制

以色列电力公司（IEC）负责以色列境内发电厂的维护和运行，以及输配电网络的运行和调度，它传输和分配以色列使用的几乎所有电力。以色列政府拥有该公司约 99.85% 的股份。在过去一年中，以色列电力市场继续推进发电部门的私有化进程，同时进行深入的电力市场改革谈判，旨在推进配电和电网控制部门的私有化进程。

9.2　主要电力机构

9.2.1　以色列电力公司

9.2.1.1　公司概况

以色列电力公司（IEC）是以色列唯一的综合电力公用事业公司。其发电装机约占以色列全国总发电装机的 75%。在输配电方面，以色列使用的几乎所有电力均由它传输和分配，包括其他生产者产生的电力。以色列政府拥有该公司约 99.85% 的股份。

以色列电力公司 2016 年利润约为 34249 万美元，2017 年为 137460 万美元，2018 年利润为 118030 万美元，比 2017 年下降 19430 万美元，主要原因为 2018 年的现有业务亏损 51649 万美元。

9.2.1.2　历史沿革

1926 年，巴勒斯坦电气有限公司成立，该公司被授予“约旦特许经营权”。

1932 年公司在约旦河的 Naharayim 建造了一座水力发电站。根据特许经营权，公司获得了生产、供应和分配电力的专有权，并在整个巴勒斯坦授权范围内（除耶路撒冷及其周边地区外）出售电力。

直到 1948 年之前，该工厂生产了巴勒斯坦消费的大部分能源。其他发电厂建在特拉维夫、海法和提比里亚。之后拉滕贝格将雅法电力公司和巴勒斯坦电气有限公司合并为一家公司，该公司于 1961 年更名为以色列电力公司。

9.2.1.3 组织架构

以色列电力公司组织架构见图 9-5，下设有能源生产部、客户部、工程项目部、物流供应部、电信部等部门。其中能源生产部是公司最主要的业务部门，负责公司的发电以及输配电业务。工程项目部负责对电站、输配电线路维护等提供技术支持。客户部负责进行外部客户开拓、客户咨询以及服务受理等业务。物流供应部负责公司设备采购和物资分配等事宜。

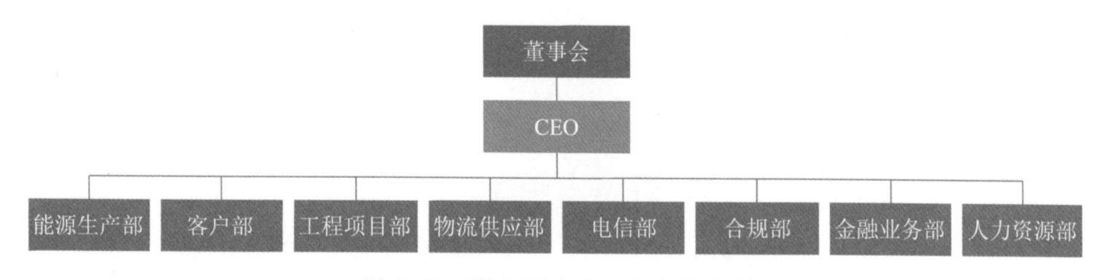

图 9-5　以色列电力公司组织架构

9.2.1.4 业务情况

以色列电力公司是一家公共和政府所有的公司，国有控股达 99.85%，为所有部门提供电力，经营范围包括电力的生产、输送、分配、供应和销售。以色列电力公司拥有并运营 15 个发电厂和 52 个发电机组，包括 16 个蒸汽发电机组、25 个燃气轮机组和 11 个联合循环机组，总装机容量为 11615MW。以色列电力公司雇佣了 11483 名工人，为约 290 万客户提供服务。

以色列电力公司 2017—2018 年输电线长度见表 9-1。截至 2018 年年底，以色列电力公司总输电线长度为 5586.6km，较 2017 年的输电线路增加了 67.1km，总输电为 12945MVA。

表 9-1　以色列电力公司 2017—2018 年输电线长度

年份	输电线长度 /km				
	400kV 输电线	161kV 架空输电线	115kV 输电线	161kV 地下输电线	合计
2018	759.5	4660	41.5	125.6	5586.6
2017	759.5	4592.9	41.5	125.6	5519.5

以色列电力公司从概念阶段到详细设计、工程和施工服务、调试、测试、启动服务再到运营，提供全面、成熟的解决方案和项目监督。通过在全球范围内提供项目工程总包服务，公司能够在复杂的环境中执行项目。服务包括新发电厂的运营和维护以及现有发电站的改造、现代化和寿命延长，还提供额外的辅助服务，例如物理和网络安全服务、能源效率提升服务、智能电网技术咨询和培训服务。以色列电力公司是一站式服务站，能提供传统能源和可再生能源技术的整个电力链所需的所有服务和多学科团队。

9.3 碳减排目标发展概况

以色列旨在将2030年的温室气体排放量在2015年的排放量基础上至少减少27%，并在2050年之前实现碳中和。一氧化碳与能源燃烧相关的排放量自2012年峰值（75t）以来平均每年下降2.9%，2020年达到59t，为2001年以来的最低水平。这一下降主要是由于煤炭在电力结构中的比例减少（2012—2020年下降35个百分点）。在2021年提交的更新NDC中，以色列设定了到2030年实现58MtCO_2e的排放目标（相当于减少29%）。该国还承诺到2050年将排放量在2015年排放量基础上至少减少85%。

以色列在碳减排的政策制定上较为落后，目前暂时没有成熟的法律框架以支持相关的碳减排行动。

9.4 储能技术发展概况

根据以色列的目标，其计划在2030年前实现30%的可再生能源发电目标。根据该目标，预计以色列将在2030年部署合计发电量超过8GWh，以及装机容量超过2GW的储能设施。

从政策上来看，以色列暂时没有针对储能的相关政策，其也并未强制性地制定与再生能源配套的储能比例。以色列目前主要通过市场先行的方式，来确定市场中和系统中运行最佳的储能比例，并且根据该比例进一步确定相关法律法规，包括建设规章制度、技术需求、储能比例等。目前储能建设、投资的相关法律法规都依照可再生能源系统的建设来执行。

因此虽然以色列提出了较高的储能建设目标，但截至目前尚未有明确的配套政策支持。目前的建设项目也主要以摸索合适的立法规章为主要目的。最近的项目有阳光电源与 Enlight Renewable Energy 公司签署的以色列最大储能项目，提供 430MWh 新一代 1500V 液冷储能系统，将加速当地能源结构转型和净零碳的步伐。

9.5 电力市场概况

9.5.1 电力市场运营模式

9.5.1.1 市场构成

以色列人均电力年产量约为 7.8 万 kWh，人均电网年供电量为 6.5 万 kWh，全年人均电力需求约为 6 万 kWh。尽管人均需求保持稳定，但总需求从 2016 年到 2017 年增长了 1.2%。电力管理局预计，未来几年电力需求的增长率将达到每年 2.7%，略高于人口增长率。然而，近年来以色列人均电力需求的增长似乎已被遏制，尽管由于人口增长仍然存在一定的总需求增长，但引入新的私人发电设施的主要原因是想减少煤炭依赖。

9.5.1.2 结算模式

以色列电费类型包括居民用电、农业用电、一般用电、街道照明、公共服务单位用电，使用时间根据特定时间段内的电力成本计算等。

9.5.2 电力市场监管模式

以色列电力公司由能源部和水利部的两个部门监管，由公共事业管理局管理，这是部长领导下的一个独立机构。行政管理由《电力行业法》和《电力法》两部法律组成。

9.5.3 电力市场价格机制

以色列公共事业管理局确定电价的主要因素如下：

（1）根据成本原则确定电价，并考虑到服务类型及其标准等因素。

（2）每个费率将反映特定服务的成本，而不会因一个费率的增加而降低另一个费率。

（3）合理的资本回报率。

（4）电费将根据管理局确定的公式进行更新。

2018 年以色列电价见表 9-2。

表 9-2　　2018 年以色列电价表　　单位：美元 /kWh

电价类型	每月固定费用（NIS）		电　价
	半月消费者	月消费者	
一般用电	0.045	0.192	0.181
住宅用电	0.045	0.045	0.171
公共街道照明	0.045	0.192	0.152

第10章 印度

10.1 能源资源与电力工业

10.1.1 一次能源资源概况

印度拥有全世界18%的人口，但是仅消耗全球6%的一次能源，每年的电力缺口在12%~14%。在矿产资源方面，印度的储备并不富足，种类也不齐全，叠加人口规模庞大带来的需求快速提升，由此造成的能源极度短缺给其经济发展带来了较大的负面影响，因此印度政府颁布了一系列旨在节约不可再生能源并大力发展可再生能源的政策措施。根据2022年《BP世界能源统计年鉴》，印度2021年一次能源消费量达到84701.6万t油当量，其中石油消费量为22489.9万t油当量，天然气消费量为5353.6万t油当量，煤炭消费量为48015.1万t油当量，核能消费量为956万t油当量，水电消费量为3608.9万t油当量，可再生能源消费量为4278.1万t油当量。

迄今为止，印度已探明储量的矿产资源有89种，其中云母、重晶石、褐煤等非金属矿产产量居世界前三位，铬铁矿、锰矿、铁矿和铝土矿等金属矿产产量居世界前十位，而石油、天然气等具有全球战略地位的油气资源产量占比则相对较小，能源结构呈现明显的“富煤、贫油气”的特点。

此外，受独特的地理区位的影响，一方面，印度本是全球淡水资源最为丰富的国家之一，但由于易受干旱侵袭的气候特点以及工业化引致的水污染，加之政府用水规划不当，使得近年来印度可有效利用的水资源极度短缺；另一方面，热带和亚热带的区位条件又使得印度大部分国土常年有300个左右的晴天，日照时间充足，年均太阳辐射量可达1700~2500kWh/m^2，日均太阳辐射量可达4.0~7.0kWh/m^2，太阳辐射资源在全球各大经济体中名列前茅。

10.1.2　电力工业概况

10.1.2.1　发电装机容量

印度传统上以热力发电和水力发电为主，近年来为解决电力短缺问题，太阳能发电和风力发电呈快速增长态势。

从印度中央电力局（CEA）公布的官方统计数据来看，截至 2021 年 7 月 31 日，印度总的发电装机容量为 386.889GW，详见图 10-1。其中煤炭发电装机容量为 209.425GW，天然气发电装机容量为 24.924GW，石油发电装机容量为 0.51GW，水电装机容量为 46.367GW，核电装机容量为 6.78GW，可再生能源（包括小型水电项目、生物质气化炉、生物质能、城市和工业垃圾发电、太阳能和风能）装机容量为 98.883GW。具体发电装机结构见图 10-2。

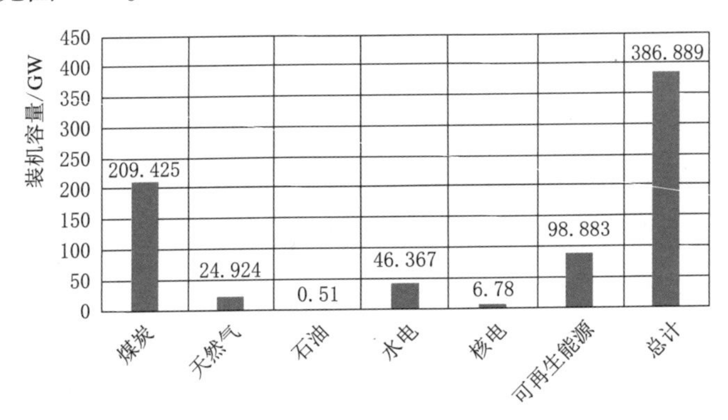

图 10-1　截至 2021 年 7 月 31 日印度发电装机容量

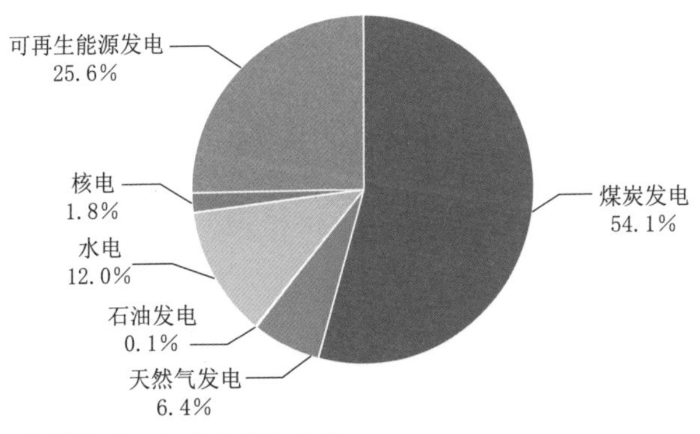

资料来源：印度中央电力局。

图 10-2　截至 2021 年 7 月 31 日印度发电装机结构

按开发商属性，印度发电厂项目主要分为中央政府、邦政府和私营部门三大类，各类型具体发电装机容量见图 10-3。其中归属于中央政府和邦政府的发电厂一直发展较为稳定，而私属发电厂增长则较为迅猛，自 2015 年起其发电装机容量开始超过央属和邦属发电厂。截至 2021 年 7 月，三类发电厂累计发电装机容量占比分别为 25.2%、26.9% 和 47.9%。

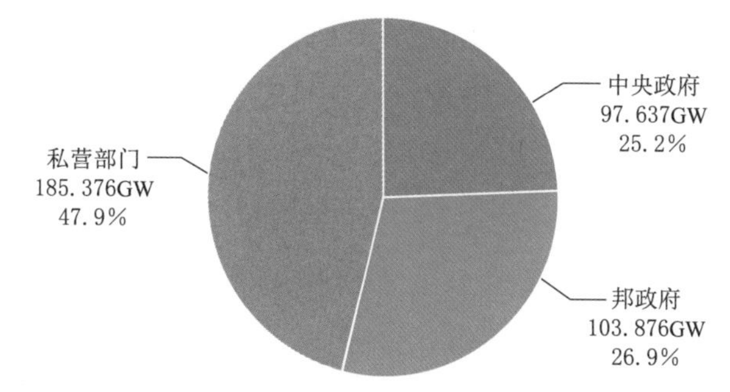

图 10-3 截至 2021 年 7 月 31 日印度各类型发电装机容量

10.1.2.2 发电量构成

印度 2009—2020 年发电量见图 10-4。根据印度中央电力局发布的数据，2020 财年总发电量达 1381.9TWh，同比减少 0.52%。据了解，截至 2018 年年底，印度整体的电气化率为 96%，是全球前十大经济体中唯一电力覆盖率没有达到 100% 的国家，部分地区电气化水平依然不高，每到夏季，印度便开始全国范围性的严重缺电。印度 2009—2020 年发电量同比变化率见图 10-5。

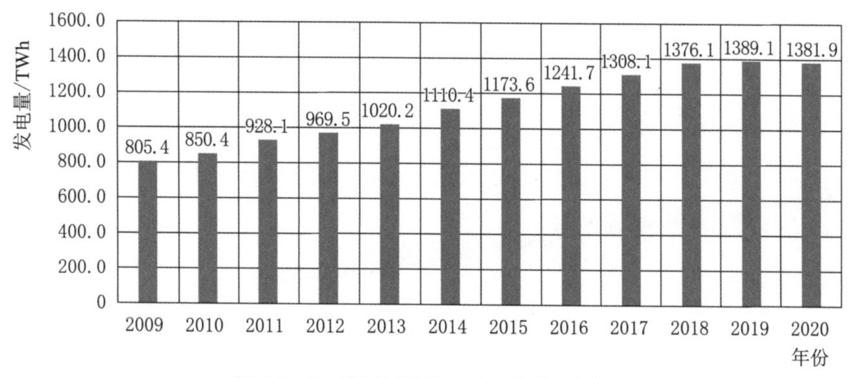

图 10-4 印度 2009—2020 年发电量

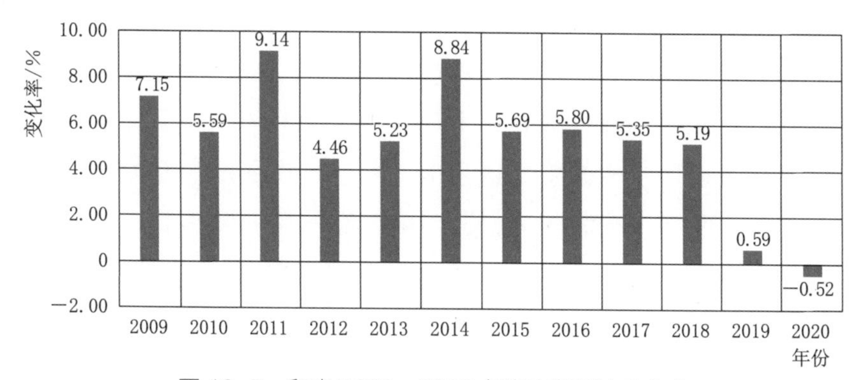

图 10-5 印度 2009—2020 年发电量同比变化率

10.1.2.3 电网结构

印度电网主要分为北部、东北部、东部、西部和南部五个传输系统区域，前四大区域已被同步连接组成国家主网，而南部区域与国家主网之间主要通过超高压直流线路进行非同步连接，单独形成了南部电网，整个印度电网呈现出“东电西送”“北电南送”的格局。其中，交流输电为印度电网中输电和配电的主流，电压等级包括 400kV、220kV、132kV 和 66kV；高压直流输电技术逐渐被用于全国区域电网的互联和远距离电力的传输，电压等级达 500kV 和 800kV。此外，除远距离输电系统网络之外，印度还发展了配电系统中的子传输网络，以便更好地输电给终端用户。印度国家电网主网架以 400kV 为主，各区域之间通过 400kV 交流、直流线路和部分 220kV 线路互联，结构较为薄弱，安全稳定水平较低，其中南部电网通过 500kV 高压直流与东部、西部区域电网异步互联。

目前，印度已建成输电线路长度超过 40 万 km，变电总容量超过 800GVA。然而，由于传输和分配工程缺乏足够的投资，受制于智能电网的匮乏、电力设备和电力线路的老化、偷电现象的普遍，印度在输配电环节的损耗率高达 22.7%，部分地区甚至超过 50%，是世界上输配电损耗率最高的国家之一。印度相关电力公司不堪重负，预计在短期内这一现状也很难改观。针对这一现象，预计未来几年印度政府将投资超 400 亿美元用于智能计量、配电自动化、电池储能及其他智能电网市场领域的建设，以期降低较高的输配电损耗率，减少电力企业损失。

10.1.3 电力管理体制

10.1.3.1 特点

印度是联邦制国家，各邦相对独立，使得其电力管理体制也分为国家和地方（邦）两个层面。在国家层面，设有电力部（MoP），统筹全国能源与电力相关的政策事宜，下辖中央电力局（CEA）和中央电力监管委员会（CERC），并成立了国家电网公司，分为五个区域电网（北部、东部、南部、西部和东北部），公司内设有国家调度中心，但人员、管理等由中央电力局直接负责，相对独立。在地方层面，印度各联邦独立性很强，邦属电力公司与央属电力公司间并无管理关系，是平等的法律实体，同样各邦属调度中心与央属调度中心之间也是平等关系，央属调度中心对各邦属电力公司无调度权，只有建议权。目前，在发、输、配、售独立运营的基础上，电力工程已全面向私营投资者开放。

10.1.3.2 机构设置及职能分工

中央电力局最初是印度电力部的附属部门，成立于1951年，后于1975年作为独立完整的法定机构存在，由主席领导，下设首席工程师部、秘书处以及规划部、热电部、水电部、能源系统部、电网运营部、经贸部等六个职能部门。印度中央电力局组织结构见图10-6。中央电力局主要负责编制每五年一期的国家电力规划，包括电力工程的批复与监督、电网相关技术标准的制定、人才培养与科研等，并适时向中央政府就电力相关事宜建言献策。

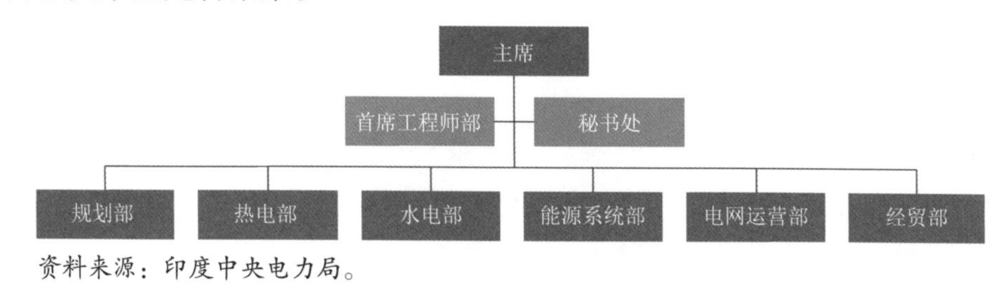

资料来源：印度中央电力局。

图10-6 印度中央电力局组织结构

中央电力局下属六大职能部门中，规划部主要负责全国电力工程在技术方面的统筹规划事宜，热电部、水电部和能源系统部主要负责各大分类电站具体的技术协调和监督事宜，电网运营部主要负责全国的输配电事宜以及相关技术标准的制定，经贸部主要负责全国电价市场的运营以及跨联邦电力交易的执行。

10.1.4 电力调度机制

在两级电力管理体制的基础上，印度电力行业主要实行四级调度管理机制，分别为国家电力调度中心、区域电力调度中心、联邦电力调度中心、邦内各地区配电调度中心，且各级电力调度中心之间只有调度业务关系，无上下级直接管理关系。2010年10月，印度国家电网公司将国家电力调度中心和5个区域电力调度中心从职能部门中独立出来，并注册成立由其各自全资所有的电力系统调度运营公司，分别负责跨区和跨邦主网架、发电厂的电力调度及交易业务。此外，联邦电力调度中心隶属联邦输电公司，各地区配电调度中心隶属邦内各配电公司，各自负责所辖范围内的电力调度业务。

尽管印度纵向分权的电力管理模式给予了地方政府改革与发展电力产业的积极性和自主性，但调度管理上的松散却使得印度全国范围内的电力输配调度难以实现一体化，严重影响了电力资源的使用效率和安全稳定性，并大幅抬升了跨区、跨邦的电力调度成本，降低了应对重大突发事件的预防和响应能力，对于印度整体的电力工业甚至长远的经济发展大为不利。

10.2 主要电力机构

10.2.1 塔塔电力公司

10.2.1.1 公司概况

1. 总体情况

塔塔电力公司（Tata Power Co.，Ltd）隶属于印度塔塔集团，成立于1911 年，总部位于孟买，是印度最大的综合电力公司，业务范围辐射印度、印度尼西亚、新加坡、不丹和南非等国家，包括发电、输电、配电、交易和咨询等电力价值全产业链，且在各细分领域中处于领先地位。目前，塔塔电力公司及其子公司的发电总装机容量达 10GW 左右，其中三成来自于新能源项目，为印度超过 260 万电力消费者提供综合服务。此外，塔塔电力公司已建成世界上最大的 12MW 分布式光伏电站，并逐渐发展出电动汽车业务，在全国 8 个城市新建了 65 个充电桩。公司未来愿景是致力于成为全球电力产业的集成解决方案提供商，着重围绕节能和可持续性在家庭智能化、农村微电网和能源效率等领域提供服务。

2. 经营业绩

根据塔塔电力公司公布的合并报表数据，2020 财年，塔塔电力总营收 7429.55 亿卢比（约合 100.71 亿美元），同比下降 10.58%，净利润 921.45 亿卢比（约合 12.49 亿美元），同比增长 522.10%。塔塔电力公司 2019 年和 2020 年的营收、净利润概况见图 10-7 和图 10-8。

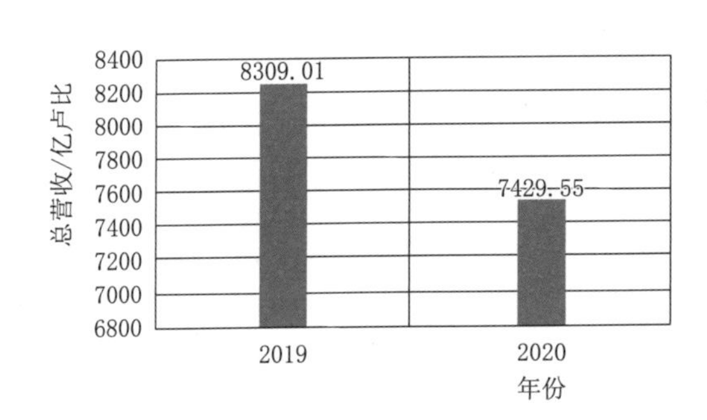

资料来源：塔塔电力公司年报。

图 10-7　塔塔电力公司 2019—2020 年营收概况

10.2.1.2　历史沿革

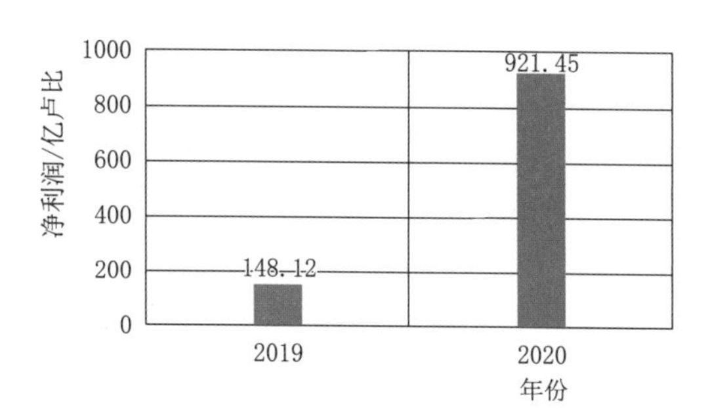

资料来源：塔塔电力公司年报。

图 10-8　塔塔电力公司 2019—2020 年净利润概况

塔塔电力公司成立于 1911 年，最初名为塔塔水电有限公司（Tata Hydro-Electric Co.，Ltd），只经营水电业务，于 1915 年建立起第一座水力发电站，装机容量为 40MW。到 1956 年，为满足印度国内日益增长的电力需求，塔塔电力公司开始涉及火电业务，建造了第一座装机容量为 62.5MW 的火力发电厂。而后自 20 个世纪 80 年代开始，塔塔电力公司又陆续开展具有多种燃料燃烧能力的热电业务，包括煤炭、石油、天然气等，单台发电机组的装机容量可达 500MW 以上。

至 2000 年，塔塔水电有限公司与安德拉古电力有限公司（Andhra Valley Power Supply Co.，Ltd）合并为一家统一的实体企业塔塔电力公司，并自此开始了一系列对外投资与并购业务，包括 2003 年与印度国家电网成立合资公司开展国际输电业务、2004 年成立贸易子公司开展电力交易业务、2006 年收购印尼煤矿等公司 30% 股权、2011 年与 Damodar Valley 合作投资 1050MW 电力项目、2019 年与 AES 和三菱合作建立南亚最大规模的储能供电系统等。此外，塔塔电力公司自 2006 年、2011 年和 2018 年开始逐步横向拓展风电业务、光伏业务以及动力电池和充电桩业务。

10.2.1.3　组织架构

塔塔电力公司为印度塔塔集团旗下子公司，其他关联公司包括塔塔咨询服务公司、泰坦公司（主营珠宝首饰业务）、塔塔通信公司、塔塔汽车公司、塔塔钢铁公司、印度酒店集团、塔塔全球饮料公司、塔塔化工公司、Voltas（主营空调业务）以及塔塔工程有限公司。塔塔集团组织架构见图 10-9。

在塔塔电力公司旗下，共有 53 家子公司和 35 家合资公司。其中，位于印度国内的子公司有 46 家，业务以可再生能源及其运营为主，包括 14 家太阳能子公司、5 家风能子公司、1 家水能子公司，其余为投资及输配售类业务子公司；国际子公司有 7 家，均为区域性投资公司。

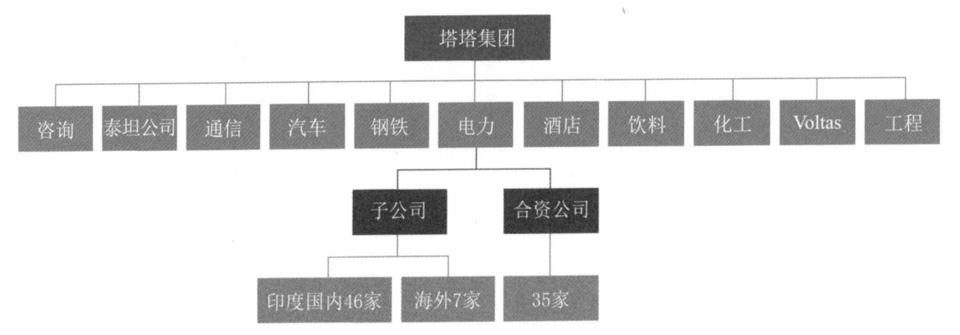

资料来源：塔塔集团官网、塔塔电力公司官网。

图 10-9　塔塔集团组织架构

10.2.1.4　业务情况

1. 经营区域

塔塔电力公司是印度最大的综合性电力公司，业务遍及国内各区域，为印度超过 260 万电力消费者提供综合服务。此外，自 2000 年起，塔塔电力公司开始以投资子公司的形式大力拓展国际业务，投资区域包括印度尼西亚、新加坡、不丹和南非等国家。

2. 业务范围

塔塔电力公司的业务横跨整个电力价值链领域，包括发电、输电、配电以及交易和咨询。此外，近年来塔塔电力公司依据整个集团的战略规划开始逐步布局新能源汽车充电桩业务。

（1）发电。塔塔电力公司的发电业务涉及传统能源发电以及可再生能源发电两个部分，其中水力发电和火力发电是塔塔电力公司最初涉足的两个领域，之后又衍生出风力发电、太阳能发电等大型项目。

（2）输电和配电。塔塔电力公司为孟买等印度主要城市供电。此外，塔塔电力公司还参与了印度第一个邦际输电项目，全程跨越 1200km，该项目也是世界上最大的电力输送网络之一。

（3）交易。塔塔电力全资子公司塔塔电力交易公司已获得授权在印度国内开展电力交易业务。

（4）电力项目相关咨询服务。塔塔电力公司为独立自备发电、输电、配电项目，以及在印度和海外的运营和维护管理提供专业咨询服务。

10.2.1.5　国际业务

塔塔电力公司的国际业务主要通过投资并购的形式开展，具体国际业务布局见表 10-1。目前主要涉足亚洲、非洲、欧洲及大洋洲等，国家包括印度尼西亚、新加坡、越南、缅甸、不丹、南非、赞比亚、格鲁吉亚、澳大利亚等，业务以热电、水电等传统能源电力为主，此外还包括一些煤矿、物流方面的业务。目前，塔塔电力公司已成立7家国际投资子公司，包括塔塔国际电力有限公司、能源信托有限公司、东部能源有限公司以及4家区域投资公司。

表10-1　　塔塔电力公司国际业务布局

区　域	国　家	业　务
亚洲	印度尼西亚	煤矿
	新加坡	物流
	越南	热电
	缅甸	热电
	不丹	水电
非洲	南非	电力合资
	赞比亚	水电
欧洲	格鲁吉亚	水电
大洋洲	澳大利亚	技术投资

10.2.1.6　科技创新

塔塔电力公司已在印度首推语音机器人服务，目前该项服务的应用主要集中在孟买地区，客户可通过电脑端或移动端（iOS 和 Android）来完成一系列与电力相关的语音搜索服务。此外，塔塔电力公司还在门户网站上推广智能电网演示器，并衍生出一系列的增值服务，包括能源消耗构成、电子钱包、自助账单等，为消费者提供无缝式客户体验。

10.2.2　印度国家电网公司

10.2.2.1　公司概况

印度国家电网公司（Powergrid）是一家印度国有电力公司，于2007年上市，印度政府持有55.37%的股份，公众持股44.63%，总部设在古尔冈。该公司除了提供输送中央部门电力的传输系统外，还负责建立和运营区域和国家电网，以促进区域内和跨区域的电力传输的可靠性、安全性和经济性。作为该国中央输电公用事业的主要公司，印度国家电网公司在印度电力部门发挥重要作用，并在各邦之间输电系统上提供开放接入，履行与各邦之间传输系统有关的所有协调职能，确保建立一个高效、协调和经济的邦际输电线路系统，以便从发电厂到负荷中心的电力平稳流动。同时，负责传输系统的高效运行和维护。通过部署紧急恢复系统，在发生台风、洪水等自然灾害时，在最短的时间内恢复供电。此外，印度国家电网公司还在输电系统各部门提供国家和国际层面的咨询服务。

10.2.2.2 历史沿革

1980 年，电力部门改革委员会向印度政府提交了报告，建议印度电力部门进行广泛的改革。

1981 年，印度政府作出政策决定，组建国家电网，为中央和区域输电系统的综合运行铺平道路。

根据 1956 年《公司法》，1989 年 10 月 23 日，印度国家输电公司成立，负责在该国规划、执行、拥有、运营和维护高压输电系统。

1992 年 10 月，印度国家输电公司的名称改为印度国家电网公司。

2007 年 10 月，印度国家电网公司在联交所上市。

2013 年 10 月，公司成功地在印度和孟加拉国之间进行 500MW 高压直流连接。

2016 年 3 月，印度国家电网公司为 1200kV 国家测试站配备 1200kV/400kV 托架以及 1200kV 线路的单电路和双电路站，并且成功开启了印度—孟加拉国电网的第二连接站。

2017 年 7 月，765kV D/c Nizamabad-Hyderabad（尼扎马巴德—海得拉巴）投入使用，2017 年 9 月 800kV Champa-Kurukshetra HVDC Bipole-I（占婆—古鲁格舍德拉高空双架线），800kV Alipurduar-Agra HVDC Bipole（阿里布尔杜阿尔—阿格拉高空双架线）投入使用。

2018 年 3 月，765kV Jabalpur-Orai-Aligarh D/C IR 系统投入使用。

2019 年 1 月，斯利那加—列城输电系统（SLTS）投入使用。

2020 年 3 月，与 GEC-I 相关的传输系统投入使用；同年 6 月，与太阳能超大型发电项目相关的传输系统投入使用。

10.2.2.3 组织架构

印度国家电网公司组织架构见图 10-10。该公司由董事会主要负责重大事项决策，其下有四个主要事业部。其中区域电网系统是公司核心事业部，用于规划和运营目的的印度电力系统分为五个区域电网。

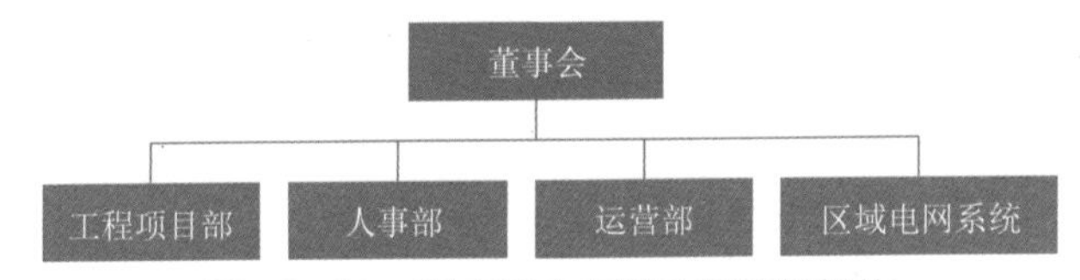

图 10-10　印度国家电网公司组织架构

10.2.2.4 业务情况

印度国家电网公司的主要业务分为电网传输（高压和超高压）、咨询和电信三大块。

1. 电网传输（高压和超高压）

印度国家电网公司从事输电业务，负责国家和地区电网间的电力传输和运行的规划、协调、监督和控制。业务主要包括中央发电厂（CGS）、独立电力商（IPP）、超大型发电厂（UMPP）和可再生能源集成的传输系统。电网的强化方案能够加强州际和区域间的联系，同时加强与尼泊尔、不丹、孟加拉国、斯里兰卡等邻国的电网联系和发展。目前已完成 169397km 的输电线路，共有 260 个变电站，变电容量为 445860MVA。

2. 咨询

印度国家电网公司一直为国有公用事业、私营公用事业、中央公共事业和政府部门提供一站式咨询服务。公司主要提供输电、配电和电信领域的咨询服务，包括规划、设计、工程、负荷调度、州内输电网络、采购管理、运营与维护、融资和项目管理；也为实施智能电网试点项目提供咨询服务。目前已经与 150 多个国内客户提供相关咨询服务，为 20 多个国家共 25 位客户提供咨询服务。

3. 电信

印度国家电网公司通过经营电信业务，该业务利用印度国家电网公司的全国传输基础设施，POWERTEL 公司作为点对点租赁业务的中立运营商。目前已经拥有并经营着 60946km 的电信网络，在印度 105 个城市有 688 个网点，其骨干电信网络可用性达到 99.5% 以上。

10.2.2.5 国际业务

印度国家电网公司在亚洲和非洲的 19 个国家拥有强大的影响力。印度国家电网公司的工作文化遵循“通过了解当地文化和需求提供全球知识”的原则。

通过执行世界各地多边机构的资助任务，印度国家电网公司十分了解这些机构的工作标准和政策以及当地的法律文化。印度国家电网公司的专家也容易在世界任何地方提供咨询服务和执行项目任务。

目前印度国家电网公司在以下国家拥有咨询业务和电网项目：阿富汗、孟加拉国、不丹、刚果、埃塞俄比亚、斐济、尼日利亚、尼泊尔、哈萨克斯坦、肯尼亚、吉尔吉斯斯坦、缅甸、巴基斯坦、塞内加尔、斯里兰卡、塔吉克斯坦、坦桑尼亚、阿联酋和乌兹别克斯坦。

10.2.2.6 科技创新

印度国家电网公司目前较关注智能电网的建设以及可再生能源的发展，智能电网通过可再生能源的集成，智能传输和分配，促进从源到网的高效可靠的端到端智能双向传输系统。通过这种方式，智能电网技术将以高可靠性和最佳质量满足不断增长的电力需求，从而提高效率和可持续性。认识到这一点的重要性，印度国家电网公司采取了开创性措施，将智能电网技术应用于电力供应价值链的各个方面，并通过开放式合作开发了智能电网在分销中的所有属性，在 Puducherry 市开发了智能电网试点项目。

10.3 碳减排目标发展概况

10.3.1 碳减排目标

在第 26 届联合国气候变化大会（COP27）上，印度提交了《低碳发展长期战略（LTS）》，其中按部门提供了详细的举措，但这些举措并未超出当前政策和未来的总体方向。基于此发展战略，印度计划继续开发煤炭。总体而言，印度目前提供的信息极其有限，没有证据证明印度能够在 2070 年之前实现净零排放。

《低碳发展长期战略》涵盖了电力、工业、运输、建筑和城市部门等特定行动领域，但没有就政府打算如何在现有政策和计划之外实现净零排放给出明确的政策指导。它既没有提出任何排放途径，政策和措施中也没给出其将在多大程度上转化为到 2070 年所需的减排量。此外，政府的计划中没有指明应用 CCUS 或其他二氧化碳去除技术的透明信息，以实现其净零目标。从长远来看，印度将继续发展煤炭。例如，该国正计划利用煤气化技术发电。然而，与此同时，印度准备探索低排放技术和替代燃料（如核能、绿氢、燃料电池和生物燃料）在煤炭之外发挥更大的作用。

10.3.2 碳减排目标对电力系统的影响

印度政府没有就电力部门减少煤炭问题提供明确的方向。根据第 27 届联合国气候变化大会（COP26）的《格拉斯哥气候协议》，印度给出了逐步淘汰煤炭的承诺。印度电力部已任命一个专家委员会，以制定一项计划，在 2030 年之后停止在印度建设任何新的煤炭产能。但在最近发布的《国家电力计划》（NEP2022）草案中，政府预计 2022—2032 年间煤炭产能将增加 18%。这将导致 2022—2032 年间煤炭消费量增加 40%。

印度有超过 200GW 的燃煤发电能力在运行（占全球产能的 11%），32GW 在建，25GW 已宣布和许可，预计 NEP2022 也将增加煤炭产能。这些计划不仅与《格拉斯哥气候协议》相冲突，而且与印度煤炭运输萎缩以及 2010—2022 年期间取消或搁置 586GW 的燃煤发电项目相冲突。

10.4 储能技术发展概况

根据印度机构的预测，到 2030 年，印度将需要部署总装机容量为 38GW 的 4h 电池储能系统和 9GW 天然气发电项目，以实现经济、高效且可靠地整合可再生能源。

印度的储能产业是一个受印度政府主导的产业，印度政府为此也积极推动储能行业的发展。为加强电池储能系统的国产化进程，印度重工业部（DHI）在 2021 年发布了一份与绩效相关激励（PLI）计划有关的《先进化学电池（ACC）电池储能计划》的通知，该计划的五年激励支出预计为 1810 亿卢比（约 24.7 亿美元）。印度重工业部计划以最佳方式激励国内外投资者建立吉瓦规模的电池生产工厂，其重点是更多的附加值、高质量的产出，并在预定期限内实现计划的产能水平。该计划旨在实现 50GWh 的电池生产能力。根据这一计划，通过竞争性招标过程选择电池储能制造商，电池生产工厂必须在两年内投产运营，激励资金将在五年后支付。在宣布绩效相关激励（PLI）计划的几周之后，政府所有的巴拉特重型电气公司（BHEL）开始招标以建设一个吉瓦规模的电池储能项目，总储能容量高达 5GWh。

在招标政策方面，印度电力部修订了基于电价的《竞争性招标流程指南》，将从并网的可再生能源项目中采购全天候的电力，并辅以其他来源的电力。根据这份新修正案，部署的电池储能系统只能从配套部署的可再生能源发电设施充电。在消减电力或对电池储能系统充电的情况下，将使用相同的可再生能源发电量进行补偿。该修正案还确定，使用可再生能源以外电力的电池储能系统将不符合条件。

在财政政策方面，印度为了能够进一步推动储能行业的发展，正在拟定电池相关行业的减税措施。目前印度该行业的企业综合税率约为28%，印度政府正计划按照可再生能源的综合税率进行征税，届时能够帮助印度的电池生产企业减轻至少 50% 的赋税负担。

据了解，印度正在规划部署 59 个可再生能源发电项目和 6 个储能项目，这些电池储能项目总储能容量为 136MWh。预计到 2050 年，印度累计部署的储能系统装机容量将达到 180~800GW，占各种能源总装机容量的 10%~25%。这些储能系统的总储能容量为 750~4900GWh。

10.5 电力市场概况

10.5.1 电力市场运营模式

10.5.1.1 市场构成

自 2003 年新《电力法》颁布起，印度开始系统化推进电力市场化改革。目前印度的电力市场已从垂直一体化转变为发输电独立、配售电一体化的经营模式，其最终方向是实现电力行业的私有化，以吸引投资，促进国内电力行业的发展。其中，发输电是独立业务，形成单独的电力公司，而配售电业务由具有独立产权的电力公司或部门分别经营，并在同一个供电区域内实现一体化。在该种模式下，印度允许建设多种产权形式的独立发电厂，其所生产的电能或全部卖给输电网，输电网再向用户开放，或直接卖给配售公司和大用户。

就具体的参与方来看，在发电环节，中央层面有国家热电公司（NTPC）、国家水电公司（NHPC）、东北部电力公司（NEEPCO）等企业，邦层面有邦电力局，此外还有塔塔电力公司（Tata）、信实集团（Reliance）等私营企业；在输电环节，跨区和跨邦电网主要由中央政府所有的印度国家电网公司拥有并负责运行管理，邦内输电资产由邦政府所有的邦输电公司（STUS）或未改革邦的电力局管理；在调度环节，调度机构与电网所有者合一，国家调度中心和区域调度中心由印度国家电网公司管理，邦调度中心由邦输电公司或电力局管理；在配电环节，配电网由邦政府或私营配电公司所有并负责运行管理，一个邦内可能存在多家配电公司参与竞争，或者由一家配电公司垄断经营；在交易环节，有印度能源交易所（IEX）和印度电力交易所（PXIL）两家，以跨邦电力交易为主。

10.5.1.2 结算机制

由于印度电力工业结构的特殊性，以及邦内电力市场化改革进度的不一致，存在多种形式的电价结算机制。对于跨邦电力交易，印度主要设有能源交易所和电力交易所进行结算，交易所内采取垂直型清算机制；对邦内电力交易，发电厂可直接面向配售公司和大用户，也可以通过输电网连接用户进行结算。

10.5.2 电力市场监管模式

10.5.2.1 监管制度

由于印度电力工业主管部门分为中央和联邦两级，因此其监管机构也分为中央电力监管委员会（CERC）和邦属电力监管委员会（SERC）。其中，邦属电力监管委员会不受中央电力监管委员会管理，各自主理邦内电力行业监管事务。印度中央电力监管委员会组织结构见图 10-11。

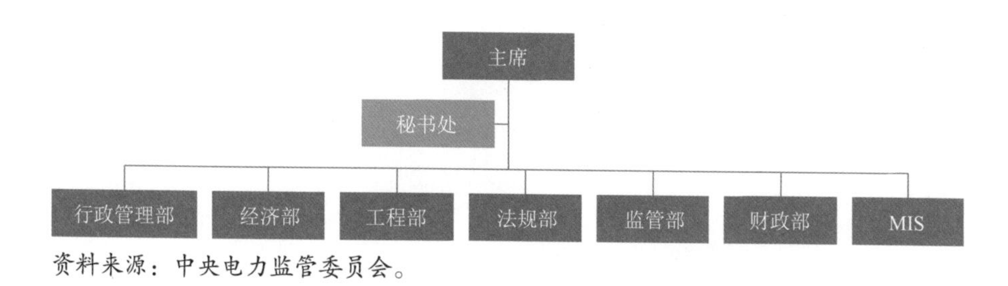

资料来源：中央电力监管委员会。

图 10-11 印度中央电力监管委员会组织结构

中央电力监管委员会以改善全国大宗电力市场的竞争和效率为目标，由主席领导，下设秘书处、行政管理部、经济部、工程部、法规部、监管部、财政部以及 MIS 等部门。主要职能如下：

（1）负责央属电力公司以及在多个联邦拥有电力配售计划的非央属电力公司的关税协调事宜。

（2）负责协调联邦之间的电力输送、交易以及牌照签发事宜。

（3）就电力及电价相关政策向中央政府建言献策。

在中央电力监管委员会下设的七大部门中，行政管理部主要负责人力资源管理及薪酬规划，并定期向电力部提交会计报告；经济部主要负责处理全国电力交易相关的事宜及交易许可证的发放，并定期提交电力交易市场的监测报告；工程部主要负责处理不同类型的关税协调事宜，并在必要时提供技术上的支持；法规部主要负责处理与电力交易、关税相关的法律听证和诉讼事宜；监管部主要负责与邦属电力监管委员会相关政策、法规的跟踪、解释、研究事宜，并提供与各类监管机构的沟通、交流渠道；财政部主要负责外部关税的制定以及内部预算、审计等事宜；MIS 主要负责软件开发、网络及设施管理等事宜。

10.5.2.2 监管对象

中央电力监管委员会主要负责对央属电力公司以及在多个联邦拥有电力配售计划的非央属电力公司的监管和协调事务，其中电力公司包括全国性的公私营发电厂、印度国家电网公司、印度能源交易所、印度电力交易所等。对于各联邦内的电力工业，地方政府均成立了单独的邦属电力监管委员会，其监管对象主要包括邦属电力局、邦属输电公司、邦属公私营配售电公司。

10.5.2.3 监管内容

在对电力市场的监管权限方面，央属和邦属两级监管机构的职责内容大体相当，包括所辖区域内的电力交易许可证的审核和发放、电力交易市场情况监测、法律听证及争议仲裁、政策制定、外部审计等。此外，邦属电力监管委员会还负责对跨国、跨区域电力交易关税的调整事宜。

10.5.3 电力市场价格机制

印度电力监管委员会负责对中央政府拥有或控制的发电企业及在多个邦销售电力的发电企业的电价进行管制，各邦属电力监管委员会则负责制定邦内交易的电价。尽管印度已开展了多年的电力市场化改革，但并未建立起良好的价格机制，通常政府为提升制造业竞争力、争取低收入民众的支持，会采取行政手段使得电价长期处于低位，交叉补贴严重，甚至出现了发电价和售电价倒挂的现象。在这一背景下，印度大部分电力企业持续处于亏损状态，只能依靠政府补贴来维持运营，长此以往形成恶性循环，电力工业发展举步维艰。

印度居民用电价格大概是正常价格的三分之一，国家补贴居民电价。商业用电和工业用电定价采用区间电价和固定费用相结合的方式，相比较而言商业用电略高于工业用电。此外，按发电类型，印度火电厂的电价包括年容量费用（固定）和可变费用两部分；水电站电价包括年容量费用（固定）和初级电量费用；多用途的水电项目（灌溉 / 防洪 / 发电）以发电部分的成本作为决定电价的基础；输电系统的电价按线路方式、变电站、系统定价，并合计为区域电价。

第 11 章

▪ 印度尼西亚

11.1 能源资源与电力工业

11.1.1 一次能源资源概况

印度尼西亚具备一定的油气资源。据统计，截至 2020 年印度尼西亚全国石油探明储量约 3.27 亿 t，天然气探明储量 1.3 万亿 m^3。另外，印度尼西亚的煤炭储量也较为可观，据统计，印度尼西亚当前煤炭探明储量约为 348.69 亿 t，占全球探明储量的 3.2%，在东南亚国家中排名第一，全球排名第六。

根据 2022 年《BP 世界能源统计年鉴》，印度尼西亚 2021 年一次能源消费量达到 19837 万 t 油当量，其中石油消费量为 6763.7 万 t 油当量，天然气消费量为 3178.7 万 t 油当量，煤炭消费量为 7839.2 万 t 油当量，水电消费量为 549.7 万 t 油当量，可再生能源消费量为 1505.7 万 t 油当量。

11.1.2 电力工业概况

11.1.2.1 发电装机容量

根据印度尼西亚能源矿产署（DJK）统计，截至 2020 年，印度尼西亚全国装机容量为 72 GW，其中煤炭占绝大多数，共 39.38GW，占比 54.7%，其次为天然气，共 18.64GW，占比 25.9%；石油排名第三，共 5.02GW，约占 7.0%。印度尼西亚 2020 年发电装机容量见图 11-1。

从历史数据上看，印度尼西亚全国电力装机容量呈现稳步提升的态势，2020 年较 2019 年新增约 3GW，增长率约为 4.3%。印度尼西亚 2016—2020 年各类电源装机容量见图 11-2。

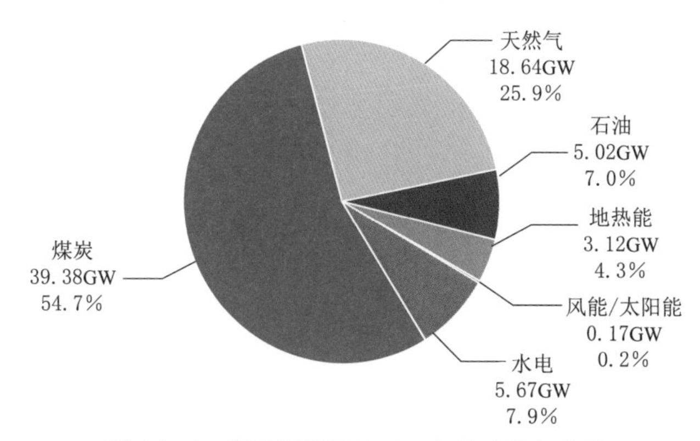

图 11-1 印度尼西亚 2020 年发电装机容量

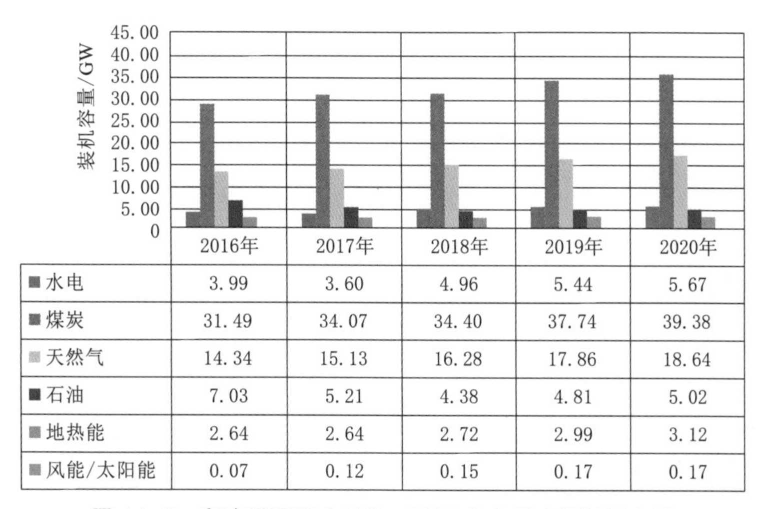

	2016年	2017年	2018年	2019年	2020年
水电	3.99	3.60	4.96	5.44	5.67
煤炭	31.49	34.07	34.40	37.74	39.38
天然气	14.34	15.13	16.28	17.86	18.64
石油	7.03	5.21	4.38	4.81	5.02
地热能	2.64	2.64	2.72	2.99	3.12
风能/太阳能	0.07	0.12	0.15	0.17	0.17

图 11-2 印度尼西亚 2016—2020 年各类电源装机容量

11.1.2.2 电力消费情况

印度尼西亚主要有四大用电部门，分别为居民用电、工业用电、商业用电以及公共设施用电。据印度尼西亚能源矿产署统计，2020 年，印度尼西亚全年电力消费量为 291.1TWh，其中，居民用电为 119.3TWh，占 41%；工业用电为 107.7TWh，占 37%；商业用电为 43.7TWh，占 15%；公共设施用电为 20.4TWh，占 7%。详细用电量结构见图 11-3。

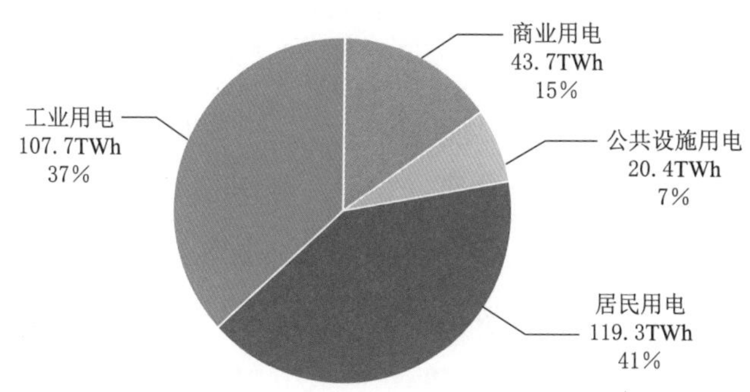

图 11-3 2020 年印度尼西亚用电量结构

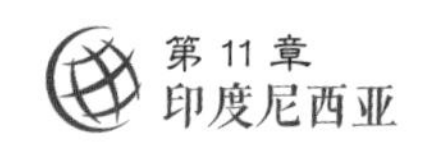

11.1.2.3　发电量及构成

据统计，2020 年全年印度尼西亚国内发电量共 275TWh，较 2018 年提高 20.34TWh，增长率约 8%。印度尼西亚年发电量近年来每年呈现稳定的增长态势。印度尼西亚 2014—2020 年发电量见图 11-4。

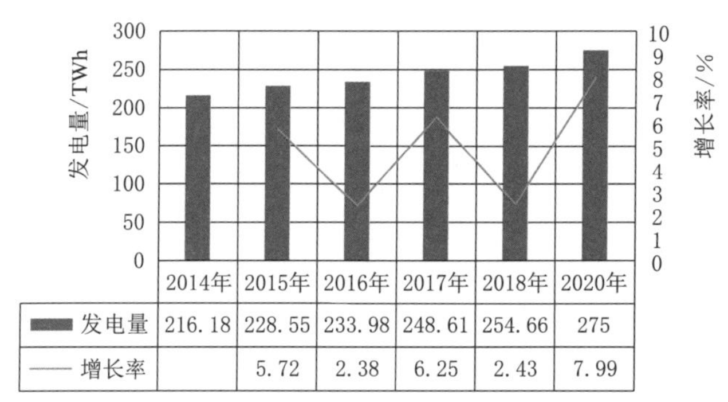

	2014年	2015年	2016年	2017年	2018年	2020年
发电量	216.18	228.55	233.98	248.61	254.66	275
增长率		5.72	2.38	6.25	2.43	7.99

图 11-4　印度尼西亚 2014—2020 年发电量

另外值得注意的是，由于印度尼西亚大多数国土由岛屿和山脉组成，电网建设成本高，因此印度尼西亚私人独立发电商与分布式发电商占比较大。印度尼西亚目前有约 23% 的发电量来自私人独立发电商，印度尼西亚国家电力公司发电量占比为 77%。另外，国家电力公司发电量中，有 8% 的发电量来源于风电和太阳能分布式发电。具体发电来源分布见图 11-5。据了解，印度尼西亚的用电普及率不到 75%，仍有超过 1/4 的人口没用上电。

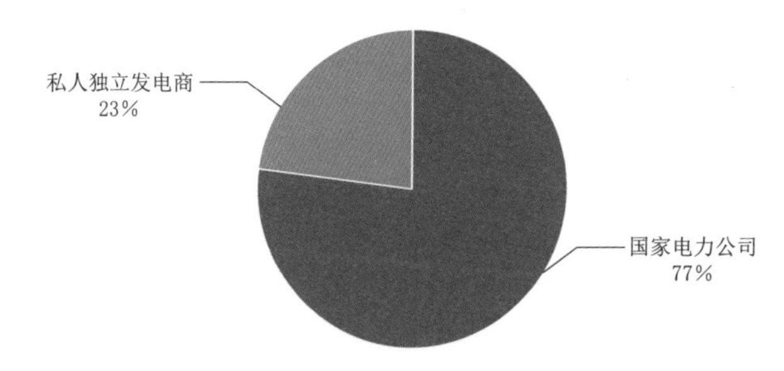

图 11-5　印度尼西亚发电来源分布

11.1.2.4　电网结构

印度尼西亚各区电网长度见图 11-6。印度尼西亚全国电网共分为六大区域，分别为苏门答腊地区、爪哇—巴厘地区、加里曼丹地区、苏拉威西地区、巴布亚地区以及努沙登加拉地区。从电压等级上又可分为 30kV、70kV、150kV、275kV 以及 500kV 五个等级。全国电网共 4.4 万 km，其中 30kV 等级线路共 60km，70kV 等级线路共 4669km，150kV 等级线路共 3.24 万 km，275kV 等级线路共 1857km，500kV 等级线路共 5056km。

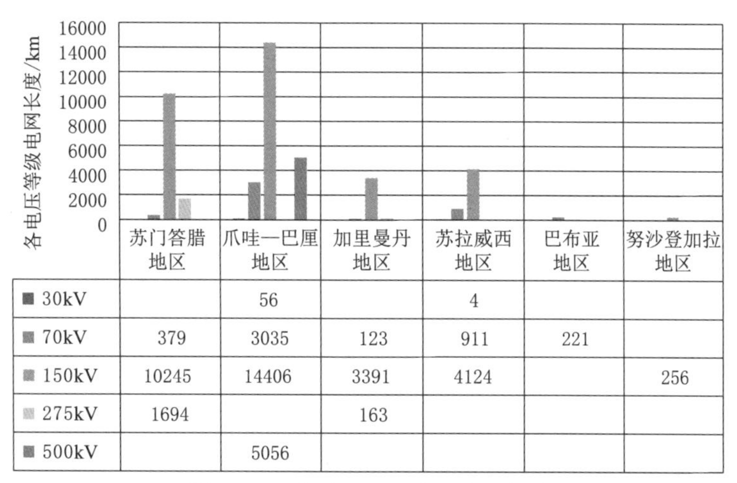

	苏门答腊地区	爪哇—巴厘地区	加里曼丹地区	苏拉威西地区	巴布亚地区	努沙登加拉地区
30kV		56		4		
70kV	379	3035	123	911	221	
150kV	10245	14406	3391	4124		256
275kV	1694		163			
500kV		5056				

图 11-6　印度尼西亚各区电网长度

11.1.3　电力管理体制

印度尼西亚电力行业的监管机构为能源和矿物资源部（MoEMR）及其下属部门，详见图 11-7。法律体系方面，印度尼西亚目前的电力法律框架以 2009 年《电力法》为基础。

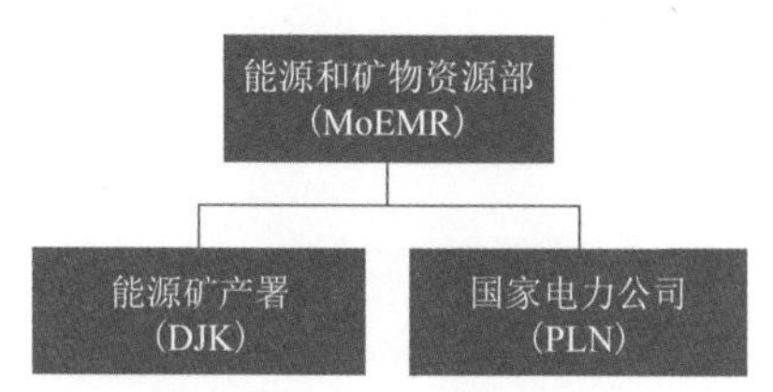

图 11-7　电力监管机构

1. 能源和矿物资源部（MoEMR）

能源和矿物资源部是印度尼西亚主要的能源和电力监管部门，负责印度尼西亚电力和能源行业的立法、监管等工作。

2. 印度尼西亚国家电力公司（PLN）

印度尼西亚国家电力公司是印度尼西亚唯一的电力公司，负责全国的发输配电业务。

3. 印度尼西亚能源矿产署（DJK）

印度尼西亚能源矿产署是印度尼西亚主要的矿产监管部门，主要负责国内的矿产开发许可，对国内相关矿开采进行规划，并进行矿业相关立法、监管工作。

11.1.4 电网调度机制

印度尼西亚采取分区的方式来进行电网管理，采取全国调度机制来进行调度，在调度上不分地区与国家。印度尼西亚国家电力公司（PLN）是印度尼西亚国内唯一的调度机构。

11.2 主要电力机构

11.2.1 印度尼西亚国家电力公司

11.2.1.1 公司概况

印度尼西亚国家电力公司（PLN）是印度尼西亚最大的电力集团，旗下有发电、输电及配电子公司，同时也是印度尼西亚的电力市场监管机构之一。财报显示，2020 年公司净利润为 59.93 亿卢比，约合 0.81 亿美元，较 2019 年增长 37.3%。近年经营业绩见图 11-8。

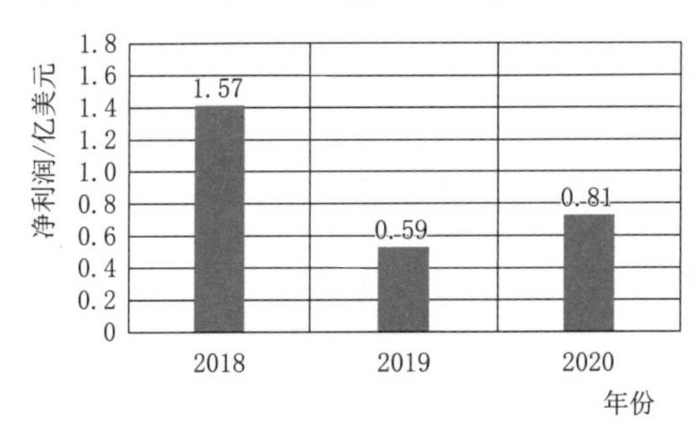

图 11-8 印度尼西亚国家电力公司近年经营业绩

11.2.1.2 历史沿革

印度尼西亚国家电力公司成立于 1948 年，其前身为荷兰殖民时期的发电公司。

1961 年，公司吸收了国家燃气公司与国家煤炭公司，并实现了发电行业的垄断。

1972 年，印度尼西亚政府通过 17 号条例，确立了印度尼西亚国家电力公司为非盈利机构，同时由印度尼西亚政府负责运营。

11.2.1.3 组织架构

印度尼西亚国家电力公司采取分区设部的组织架构，详见图 11-9。除独立的采购部之外，分别设有中爪哇区业务部、东爪哇区业务部、加里曼丹区业务部、苏拉威西业务部以及努沙业务部。每个业务部设有发电、输电及配电业务部，负责当地的发电、输电、配电及售电业务。

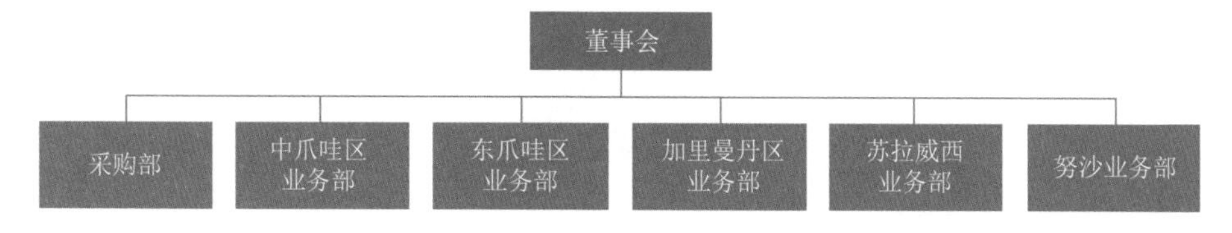

图 11-9 印度尼西亚国家电力公司组织架构

11.2.1.4 业务情况

1. 发电业务

印度尼西亚国家电力公司共管理和运行有约 6219 座发电机组，其中爪哇岛外共 5808 座，爪哇岛内 411 座，总装机容量共约 63.336GW。具体发电机组数量见图 11-10。

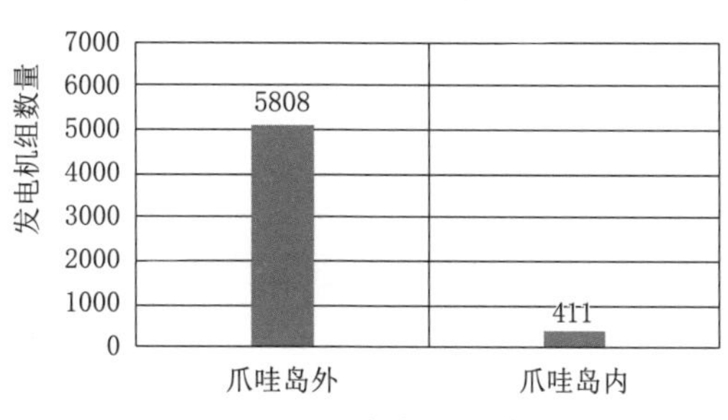

图 11-10 发电机组数量

2. 输电业务

印度尼西亚国家电力公司 2019 年在建输电线路约 4900km，运营输电线路约 44000km。其中 500kV 线路约 5000km，275kV 线路约 2800km，150kV 线路约 35000km，70kV 线路约 500km。各电压等级输电线路总长见图 11-11。

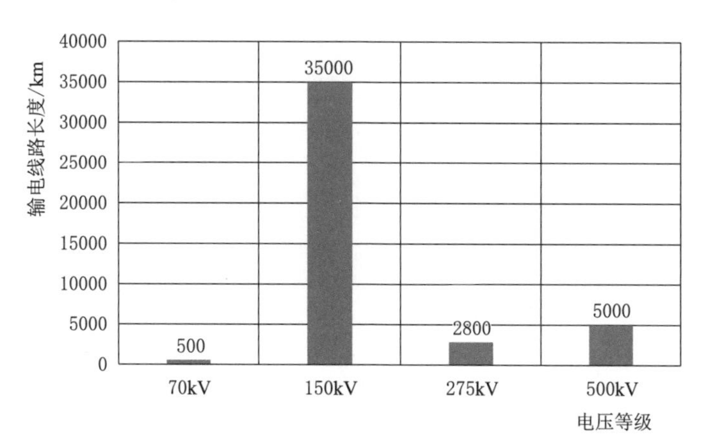

图 11-11 印度尼西亚国家电力公司管理输电线路总长

3. 配电业务

印度尼西亚国家电力公司 2020 年年底总客户数量约 7900 万户，较上一年增长 4.4%，其中居民用户占绝大多数，为 7261 万户，剩下约 400 万户为商业用户，工业用户仅 13 万户，另外 226 万户为其他用户。

11.2.1.5 科技创新

由于旅游业是印度尼西亚的支柱产业，因此印度尼西亚政府十分重视电力产业的环保与排放事宜。印度尼西亚国家电力公司在印度尼西亚政府的鼓励与支持下，计划大力发展清洁能源技术。除此以外，公司还设立了清洁能源发展部门，专注于火力发电低污染改造。

11.3 储能技术发展概况

印度尼西亚与菲律宾情况类似，由于国家由大量岛屿组成，建设大电网成本高且实用性较低，因此印度尼西亚政府希望能够在部分岛屿中以“可再生能源 + 微电网 + 储能”的方式部署电力系统，来解决主电网周边岛屿并网困难的问题。这也成为印度尼西亚发展储能系统的初衷。

印度尼西亚在储能上采用的是市场先行的政策，即先发展相关市场，在发展到一定阶段后，根据实际情况再进行立法。因此目前印度尼西亚没有适用于可再生能源储能的具体法规，同时也没有具体的财政或监管激励措施来促进可再生能源储能。虽然印度尼西亚有大量的储能项目，但并没有专门的法律法规来进行管理，项目多是以实验性质开展，没有标准化的开展流程和技术标准。

印度尼西亚的国有公用事业和电池生产商已经启动了一个 5MW 电池储能系统 (BESS) 试点项目，以寻求摆脱柴油发电。这也是印度尼西亚第一个兆瓦级别以上且服务于印度尼西亚本土电力市场的储能项目。

11.4 电力市场概况

11.4.1 电力市场运营模式

11.4.1.1 市场构成

印度尼西亚通过国家电力公司对全国电力行业实施管理。根据 1985 年第 15 号法令和其实施条例，国家电力公司是印度尼西亚政府指定的拥有电力控制权的国有企业并且将长期保持其市场垄断地位，其独家经营全国的输变电业务，并且是唯一向最终消费者（无论个人或企业）售电的企业，所有独立电站（IPP）只能将电力销售给国家电力公司；国家电力公司在其特许领域内有保障电力供应的义务。根据2003年第19号法令，印度尼西亚政府补偿国家电力公司所有因低于成本向消费者供电造成的损失，并且电力补贴以财政预算的形式提供。

印度尼西亚在输电端与配电端采取国家垄断的政策，在发电端市场相对开放，但国营企业国家电力公司仍占有约70%市场。民营企业则分为独立电站与私营电力公用事业公司两种类型。独立电站仅能经营发电业务并将电售给国家电力公司，需与国家电力公司订立电力采购协议（Power Purchase Agreement, PPA），并取得电力供应执照（Electrical Power Supply License, IUPTL）。目前印度尼西亚国内共有数百家独立电站从业者，前四大独立电站从业者为PT Paiton Energy、PT Cirebon Electric Power、PT Jawa Power和PT Central Java Power。

11.4.1.2 结算模式

电费价格由国家控制，制定全国统一的电力销售价格。目前印度尼西亚的电力销售价格低于电力成本价格，由印度尼西亚国家财政对国家电力公司的亏损进行补贴。

印度尼西亚政府针对电力领域主要有所得税抵减与免征进口关税两项奖励措施。依据印度尼西亚政府2016年第9号条例、财政部2015年第89号条例，以及投资协调委员会主席2015年第18号条例，投资新能源与再生能源的从业者，投资额的30%可抵减企业所得税。

11.4.2 电力市场监管模式

能源和矿物资源部是印度尼西亚唯一的电力市场监管机构，主要负责对印度尼西亚国家电力公司进行电力价格监管。而印度尼西亚国家电力公司是印度尼西亚唯一一家电力公司，负责发输配电各业务环节中的所有业务，在具体业务环节实现自我监管，具有较强的电力自主运营权。能源和矿物资源部仅针对其电价进行监管，并发放相关补贴。

11.4.3 电力市场价格机制

印度尼西亚电价高度依赖政府补贴。印度尼西亚的电价机制为先由国家电力公司提交平均发电成本，再由政府确定终端用户需要支付的金额以及政府财政预算可以负担的补贴规模。

印度尼西亚自然资源充沛，加上采取低电价政策，故电价相对邻近各国便宜，住宅电价平均为 8.6 美分 /kWh，工业电价平均为 7 美分 /kWh。印度尼西亚幅员广阔，各地发电成本不一，因此再生能源费率机制设计为与“全国电力成本”和“地方电力成本”连动。

（1）地方电力成本大于全国电力成本：太阳能、风能、生质能、潮汐能竞标费率上限为地方电力成本的 85%。水力、地热、垃圾竞标费率上限为地方电力成本的 100%。

（2）地方电力成本小于等于全国电力成本：竞标费率上限由双方协议。

以太阳能为例，依上述规则换算，上限费率 6.6~14.9 美分 /kWh 之间，2016 年印度尼西亚全国平均电力成本与各地电力成本见图 11-12。此机制初衷为鼓励电力公司采用可再生能源，然而却也有可能降低可再生能源厂商的投资意愿。

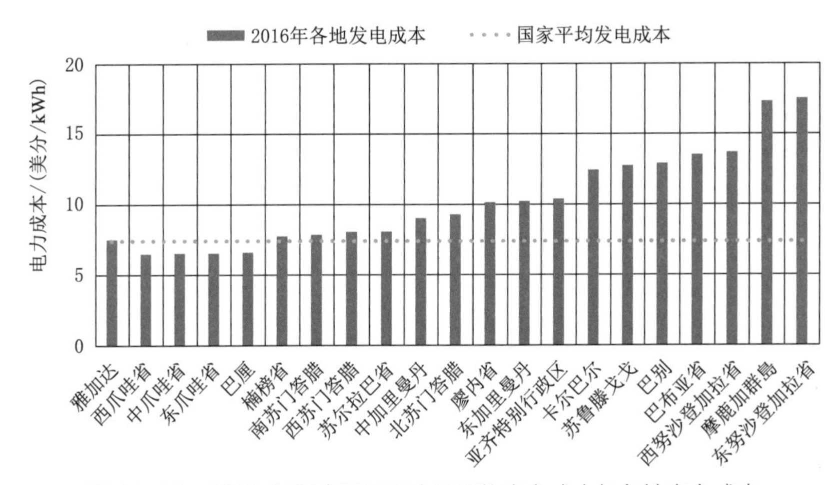

图 11-12　2016 年印度尼西亚全国平均电力成本与各地电力成本

第12章 越南

12.1 能源资源与电力工业

12.1.1 一次能源资源概况

越南21世纪初时期为原油出口国，其中向中国出口的产量占据其总产量的20%。目前，越南石油探明储量43.98亿桶，石油产量1000万t，石油消费2349万t，已由石油出口国转为石油进口国。

天然气方面，越南已探明天然气储量6000亿m^3，其主要用途为越南本土的天然气发电，主要分布在越南东南和西南地区。越南煤炭产量约2733万t。根据2022年《BP世界能源统计年鉴》，越南2021年一次能源消费量达到10348.7万t油当量，其中石油消费量为2246.6万t油当量，天然气消费量为621.4万t油当量，煤炭消费量为5138.5万t油当量，水电消费量为1696.9万t油当量，可再生能源的消费量为645.3万t油当量。

12.1.2 电力工业概况

12.1.2.1 发电装机容量

越南2016—2022年发电装机容量见图12-1。越南河流众多，水电资源丰富，同时矿产及天然气储量也较为丰富。2022年越南发电装机容量80450MW，其中水力发电装机容量38310MW，煤炭发电装机容量22986MW，天然气发电装机容量11493MW，可再生能源发电装机容量6129MW，燃油发电装机容量1532MW。越南2022年各类型能源发电装机容量及占比见图12-2。

12.1.2.2 发电量及构成

越南2016—2021年发电量情况见图12-3。2021年，越南境内总发电量约为244TWh。其中，水力发电量约为75.9TWh；煤炭发电量约为114TWh；天然气发电量约为26TWh，燃油发电量约为0.21TWh，其他能源发电量约为 7.89TWh。

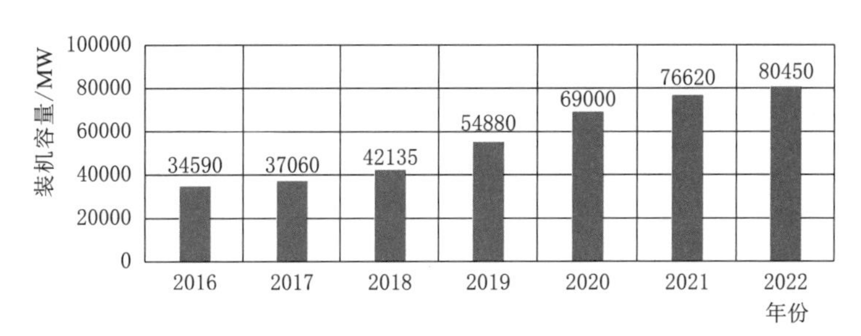

图 12-1　越南 2016—2021 年发电装机容量

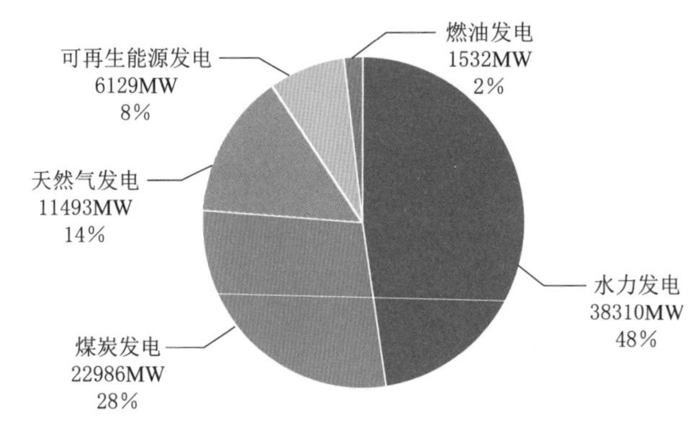

资料来源：彭博金融终端。

图 12-2　越南 2022 年各类型能源发电装机容量及占比

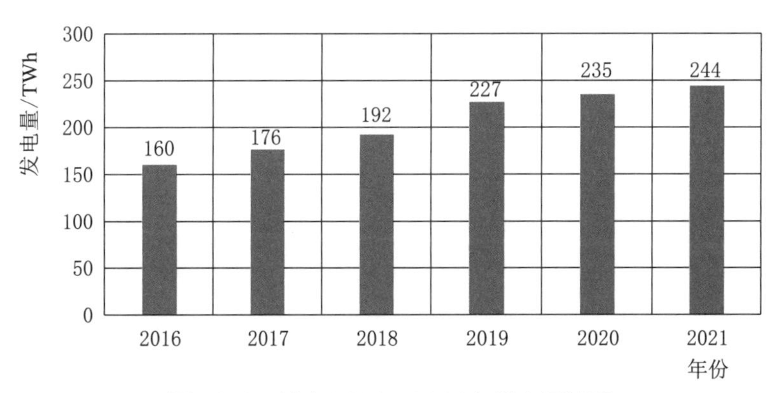

图 12-3　越南 2016—2021 年发电量情况

越南计划到 2023 年总发电量达 265~278TWh，装机容量达 60GW，到 2030 年达 571~700TWh，装机容量达 129.5GW，但 2018 年总发电量仅 192TWh，装机容量仅 47.75GW，越南电力运行面临挑战。越南全国乡（镇）电网覆盖率 99.8%，居民用电户覆盖率达 98.76%。边境地区各乡村几乎全都能用上国家电网。在海洋岛屿地区，越南电力集团正负责向 12 座岛屿中的 9 座提供电力，并且正在逐渐向其他岛屿供电。

12.1.2.3 电网结构

越南电网根据地理位置和负荷分布划分为北部电网、中部电网和南部电网。北部电网从高平省延伸到河静省，中部电网由广平省延伸到庆和省（并包括4个高地省），南部电网由庆和省延伸到金瓯省（并包括1个高地省）。目前电网主要包括500kV、220kV、110kV和66kV 4个电压等级。

自纵贯南北的500kV输电线工程于1994年完工以后，北部、中部、南部的系统开始联网运行。现在，越南电力系统的运作分为3个层次，国家负荷调度中心的下级机构为地区调度中心，地区调度中心的下级机构为地方负荷调度中心。地区调度中心原设在各电力公司，管辖220kV和110kV系统。另外，每个省几乎都设置地方负荷调度中心，管辖35kV系统。

国家负荷调度中心管辖13家发电厂和500kV系统，现引进法国制造的电力监控系统（SCADA）用于对43家主要发电厂、500kV变电站、220kV变电站的远程监控。同时国家负荷调度中心和各发电厂及变电站间的通信将光纤作为干线，用超短波连接。

越南整个电网系统小而分散，再加之发电以煤炭为主，自身供应不足，需要依靠进口，无法满足越南日益发达的现代工业和手工制造业的用电需求，越南未来将继续面临电力短缺的问题。

12.1.3 电力管理体制

12.1.3.1 机构设置

越南电力管理体制原由国家统一管理，能源部统筹管理，越南电力集团下设机构行使部分职权，对国家电网建设、电价制定、投资、电力规划、电力监管统筹管理。2005年，越南通过新修改的《电力法》，2007年起，越南开始电力民营化改革，容许外国投资者进入越南电力市场，打破了越南电力由一家垄断的局面，但其电力实质管理权依然集中在国家手中。

12.1.3.2 职能分工

越南现有的电力工业体制是工业部管辖的越南电力集团，通过直接管辖的企业来完成全国的发送电任务，向下属7家地区配电公司批发电力的同时，作为企业集团的总公司统辖电力部门的各机构。详细监管机构见图12-4。

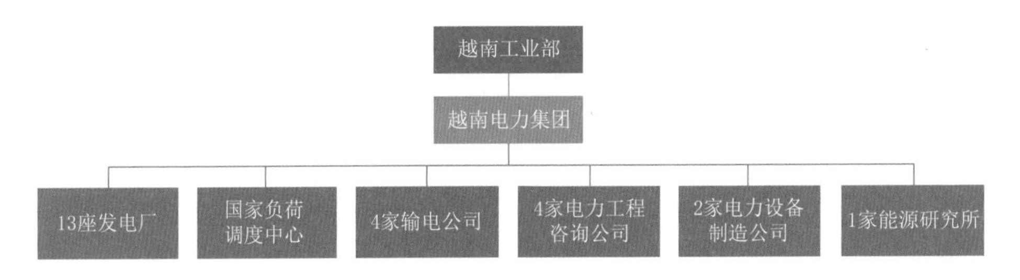

图 12-4　越南电力监管机构

（1）越南电力集团是越南电力工业的负责机构，它在越南工业部的管辖下，管理全国的发、送、供电。同时，越南电力集团作为企业集团的总公司统辖下属的相关企业。

（2）国家负荷调度中心是越南电力集团的直属企业。现在，国家负荷调度中心有 4 处，即河内 1 处，北部、中部和南部地区各 1 处。国家负荷调度中心的主要业务是 500kV、220kV 及 110kV 系统的运行和发电厂运行指令的下达，调整越南南北的供电需求。另外，地区负荷调度中心经常同国家负荷调度中心相协调，在所负责的地区实施 220kV 和 110kV 系统的运行。配电系统归配电公司管理，各地区的配电站对其配电系统进行管理，现在已引进 SCADA 电力监控系统。

（3）发电厂。

1）燃煤发电厂：Pha Lai 发电厂、Uong Bi 发电厂、Ninh Binh 发电厂。

2）燃油发电厂：Thu Duc 发电厂、Can Tho 发电厂。

3）燃气发电厂：Biria 发电厂、Phu My 发电厂。

4）水电站：Hoa Binh 水电站、Thac Ba 水电站、Vinh Son 水电站、Tri An 水电站、Thac Mo 水电站、Da Nhim 水电站。

（4）输电公司。越南电力集团所属的输电公司包括：输电公司 1 部（负责北部地区）；输电公司 2 部（负责中北部地区）；输电公司 3 部（负责中南部地区）；输电公司 4 部（负责南部地区）。4 家输电公司 500kV 线路超过 1500km，220kV 线路超过 2600km，110kV 线路超过 2500km，并拥有 4 座 500kV 变电站，25 座 220kV 变电站。

（5）配电公司。设置在各地区，除了向各地区用户供电外，还负责 110kV 以下输配电线路的运行和维修、征收电费，及实现地方电气化等工作。目前有 7 家配电公司，即第一配电公司、第二配电公司、第三配电公司、河内配电公司、胡志明市配电公司、海防配电公司和同奈省配电公司。7 家配电公司拥有 6~35kV 线路超过 76000km，低压线路超过 58000km，变电站变电容量约 15000MVA。

（6）电力设备咨询、设计公司。下辖 4 家电力工程咨询公司，主要从事发送配电项目的计划、设计、管理等工作，并对长期电力项目提供咨询服务。

（7）电力机械制造公司。下辖 2 家电力设备公司，即东安电力设备公司和舍都电力设备公司。其中东安电力设备公司规模较大，位于河内市东安开发区，主要生产 6~110kV 变压器、6~35kV 高压开关、低压配电箱和裸铝线等，2001 年产值超过 1000 万美元。舍都电力设备公司位于胡志明市，主要生产 66~110kV 变压器和电力铁塔等。2 家电力设备公司均已通过 ISO9002 认证。

（8）能源研究所。1995 年由能源部代替越南电力集团管辖。现在的业务是继续进行能源政策的制定及全国、地方的电源开发计划的制定；同时实施有关电力设备、机械等的调查、研究，有关商业能源供求及节能、新能源等的调查、研究或培训等业务。

12.1.4 电力调度机制

12.1.4.1 特点

越南国家负荷调度中心自 2006 年起启用 SCADA 电力监控系统，对数据进行实时监控与电力调度，并对接入点提出如下要求：

（1）对于直接接入 110kV 电网和总功率为 30MW 以上的电站和厂房：最少需要两个连接点，一个接入国家负荷调度中心，另一个接入相应地区的电力系统调度中心。

（2）对于直接接入 110kV 电网和总功率为 30MW 以下的电站和厂房：最少要有一个连接点接入相应的地区负荷调度中心。

（3）对于 500kV 的变电站：最少需要两个连接点，一个接入国家负荷调度中心，另一个接入相应的地区负荷调度中心。

（4）对于 220kV 和 110kV 的变电站：最少要有一个连接点接入相应的地区负荷调度中心。在所有的情况中，最少要有 1 个备用连接点。

通过 SCADA 电力监控系统的连接互通，越南国家负荷调度中心可实时监控全国电力情况，主要对 500kV 做出调整，220kV 和 110kV 的调度由国家负荷调度中心向地区负荷调度中心下达相应指令，而 35kV 多由地方负荷调度中心进行地区性调度。

12.1.4.2　调度机构

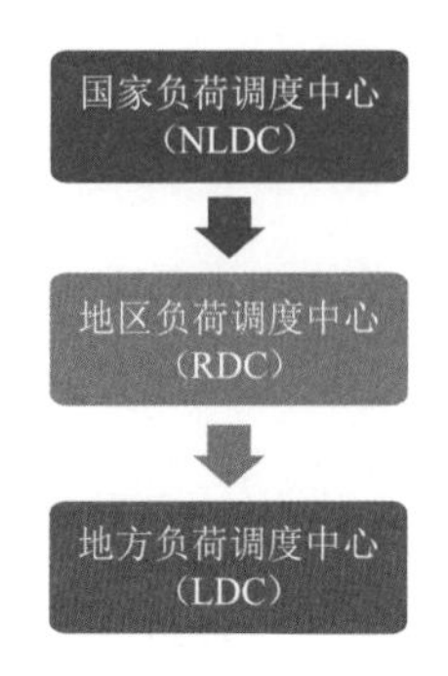

图 12-5　越南电力调度机构

越南电力系统的调度机构自上而下分别为国家负荷调度中心，地区负荷调度中心、地方负荷调度中心。详细调度机构见图 12-5。

其中地区负荷调度中心原设置在各电力公司，管辖 220kV 及 110kV 系统，越南各省几乎都会设置地方负荷调度中心，管辖 35kV 系统。国家负荷调度中心统一管辖全国 13 家发电厂和 500kV 系统，现引进法国制造的 SCADA 电力监控系统用于对 43 家主要发电厂、500kV 变电站、220kV 变电站的远程监控。同时国家负荷调度中心、地区负荷调度中心和地方负荷调度中心通信将光纤作为干线，使用超短波进行连接。

12.2　主要电力机构

12.2.1　越南电力集团

12.2.1.1　公司概况

越南电力集团（EVN）属于国有公司，主要从事发电、输电、配电和售电等业务，总部位于越南首都河内市。越南现有的电力工业体制是工业部管辖的越南电力集团，通过直接管辖的企业来完成全国的发输电、配电任务，向下属 7 家地区配电公司批发电力的同时，作为企业集团的总公司统辖电力部门的各机构。截至 2018 年，越南电力集团 2018 年总收入达约 162 亿美元。其中居民用电收入约 40.8 亿美元，商业用电收入约 72 亿美元，农业用电收入约 2.4 亿美元，共实现净利润约 17 亿美元。

12.2.1.2　历史沿革

1995 年，越南电力公司正式成立，开始在全国范围内开展电力配送业务。

2006 年 12 月 17 日，越南电力集团正式成立，是电力行业向经济集团转型的重要里程碑。

2008 年，国家输变电股份有限公司（EVNNPT）以有限责任公司的模式成立，由 4 家输变电公司和 3 家电力项目管理委员会组成，由 EVN 100% 控股。国家输变电股份有限公司负责全国 220kV、500kV 输电系统的投资、运行和管理。

2010年，将3家输变电公司分别改名为北方电力公司、南方电力公司、中央电力公司。

2012年，总理批准越南电力集团下设3家发电公司，实施电力部门重组路线图，促进越南竞争性发电市场的形成。

2013年，越南总理发布关于越南电力组织和运营章程发令，自2014年2月3日起生效。

12.2.1.3 组织架构

越南电力集团组织架构见图12-6。越南电力集团的董事会下设总裁及CEO，负责公司管理事宜。同时下设发展战略部、综合事务部及独立的内部审计与金融监管部。总裁及CEO下设副总裁，分别负责运行、商务、金融、建设投资、国际关系和基金。这5项事务分别由具体的18个部门组成。

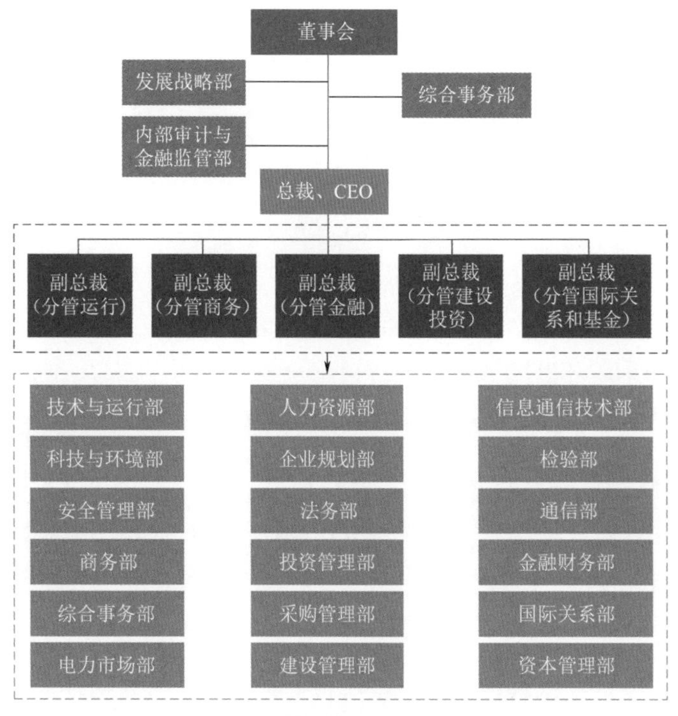

图12-6 越南电力集团组织架构

12.2.1.4 业务情况

1. 经营区域

越南电力集团拥有整个国家的输配电网络，通过国家负荷调度中心安全可靠地控制国家电力系统的运行。其经营区域与整个国家电网重合。在越南电力集团下，分为北方电力公司（EVNNPC）、中央电力公司（EVNCPC）、南部电力公司（EVNSPC）、河内电力公司、胡志明市电力公司。

2. 业务范围

越南电力集团 2018 年总收入约 162 亿美元。其中工业用户约占 54%，居民用户约占 34%，商业用户约占 6%，农林业用电约 2%，其他类用电 4%。输电线路方面，2018 年集团拥有越南境内 550kV 线路 7446km，220kV 线路约 16071km。详细输电线路情况见表 12-1。

表 12-1 越南电力集团输电线路情况

名 称	长度 / 容量
500kV 线路	7446km
220kV 线路	16071km
500kV 变电站	26100 MVA
220kV 变电站	41538 MVA

12.2.1.5 国际业务

越南电力集团制定的电力基础设施发展目标将通过一项雄心勃勃的投资计划来实现，该计划到 2020 年需要大约 220 亿美元。为此，与发展中国家进行国际合作，加强与国际金融机构的关系，使投资的财政安排形式多样化，以及扩大与各种伙伴，特别是国家伙伴的关系，深化大湄公河区域合作（GMS）国家和东盟国家对于越南国家电力未来建设显得尤为重要。

目前越南电力集团并没有能力开发国际业务，为了实现越南本土电力建设，正积极与美国、意大利、中国等国家开展合作，建设本土电力。

12.2.1.6 科技创新

目前越南电力集团科技创新计划开展可再生能源发电试点，2019 年 5 月，中央电力公司（EVNCPC）已经向 134 名客户支付了 3.98 万美元，这些客户在中部省份和中部高地的住宅屋顶安装了太阳能发电系统。过去一周，中央电力公司旗下的电力公司与 518 家投资者中的 407 家签署了屋顶太阳能发电的采购协议。

12.3 碳减排目标发展概况

12.3.1 碳减排目标

越南在 2021 年第 26 届联合国气候变化大会（COP26）世界领导人

峰会上宣布了到2050年实现净零排放的目标。2022年7月，越南将其净零目标纳入法律，并制定了《2050年国家气候变化战略》，以指导其到2050年实现净零排放的规划。此外，越南还无条件承诺到2030年将温室气体排放量比基准政策场景（BAU）减少15.8%。越南愿意在国际支持下将温室气体排放量比BAU减少43.5%。

12.3.2　碳减排政策

1.《2050年国家气候变化战略》

2022年7月，越南政府通过了《2050年国家气候变化战略》，这是该国朝着到2050年实现净零排放承诺迈出的重要一步。根据该战略，到2030年，温室气体排放总量将比一切照旧的情况减少43.5%，其中能源部门将减少32.6%，排放量不超过457MtCO_2e。该战略还为其他部门设定了减排目标：到2030年，工业部门的减排率为38.3%，农业部门的减排率为43%，垃圾处理部门的减排率为60.7%。

该战略还要求逐步从燃煤发电向清洁能源过渡，减少化石燃料能源的份额，2030年后不开发新的燃煤发电项目，2035年后逐步减少煤电装机容量。这对于越南作为COP26煤炭退出承诺的签署方非常重要。

该战略还强调提高能源效率，增加工业部门、居民部门节能设备的份额，以及农业机械的电气化，并在农业生产链中使用节能设备。

2.《环境保护法》

新的《环境保护法》于2022年1月1日生效（取代2014年的旧法律）。该法律引入了一个具有排放交易计划的国内碳市场，企业将拥有可以交易的排放配额。该法律还允许征收碳税。碳市场的有效性取决于碳价格和排放上限。高排放上限会破坏碳价的有效性；监测和执法至关重要。自然资源和环境部（MORE）正在制定一项与碳定价相关的法令。

3.《第八次电力发展规划草案》

《第八次电力发展计划草案（PDP8）》表达了对能源结构中可再生能源比例高的担忧。最新版本的草案（2022年8月）将煤炭规模缩小（从2021年的46%降至2045年的9.5%），增加了可再生能源和天然气。最新草案提出，到2045年，风能和太阳能的份额将达到50.7%，而以前的版本为40%。要实现这一份额，越南到2045年将需要42.7GW的陆上风电、54GW的海上风电和54.8GW的太阳能发电。

该计划还旨在限制该国对化石燃料的依赖，并避免增加新的燃煤发电厂。但它也提出，到 2030 年，天然气发电装机容量将超过 24GW，包括 7 个液化天然气进口终端和 22 个液化天然气发电项目，到 2045 年再投入 34GW。PDP8 侧重于用化石燃料承担用电的基本负荷，它与全球和区域脱碳趋势不一致。而最新版本的 PDP8 则额外提出要侧重于使用替代形式的能源，如氨和氢。

4.《越南至 2030 年国家能源发展战略》

2020 年 2 月，越南中央政治局发布了关于《越南至 2030 年国家能源发展战略》方向的第 55 号决议。该决议为能源部门的一次能源水平、总发电容量、可再生能源的一次能源总份额、最终能源消耗总量、一次能源强度等指标在最终能源消耗总量中的能源效率和与 BAU 相比的温室气体排放量设定了目标。该决议支持可再生能源的发展，但它也继续支持发展煤炭，并继续扩大天然气的进口。

第 55 号决议设定了一个目标，即到 2030 年将能源活动产生的温室气体排放量减少 15%，到 2045 年将 BAU 的温室气体排放量减少 20%。NDC 的目标是到 2030 年将能源相关排放量无条件减少 7%，低于 BAU，并在国际支持的基础上再减少 18%。NDC 总减少将导致 24%，即 451 $MtCO_2e$ 到 2030 年，目前的政策和行动途径估计约为 447 $MtCO_2e$ 到 2030 年来自与能源有关的排放。实现这些目标不需要采取行动。

越南极易受到比工业化前水平高 1℃的气候变化的影响。随着气温的进一步升高，与气候相关的风险也会增加，例如极端高温、干旱、洪水和海平面上升，将影响沿海地区和湄公河三角洲等一些农业生产区。越南还是气候脆弱论坛的成员，该论坛支持成员经济体的全面脱碳。

12.3.3 碳减排目标对电力系统的影响

越南是逐步淘汰燃煤发电和停止建设新电厂的全球承诺的签署国（联合国气候变化大会）。越南政府已通过一项计划，在 2030 年后不再开发新的燃煤电厂，并将在 2035 年后逐步减少燃煤电厂。越南现在正通过公正能源转型伙伴关系（JETP）平台获得国际合作伙伴集团（IPG）的国际支持，以加快其煤炭淘汰计划，并在 2050 年之前实现净零排放。

越南正在取消越来越多的煤炭项目，主要是由于缺乏财务可行性。2010—2022 年期间，越南搁置了 45 GW 的煤炭产能，是取消煤炭项目力度最高的国家之一，其中五分之一发生在 2021 年至 2022 年之间。

预计到 2023 年年底，越南风电装机容量将再增加 6.6GW。政府雄心勃勃地进一步计划到 2025 年增加 12GW 的陆上和海上风电。可再生能源在发电（不包括水电）中的份额为 11.5%，而 2015 年这一份额不到 1%。

根据《2050 年国家气候变化战略》，越南政府正在计划进一步扩大可再生能源的规模，到 2030 年包括水电、风能、太阳能和生物质能在内的可再生能源综合容量计划至少达到电力份额的 33%，到 2050 年达到 55%。

12.3.4 碳减排相关项目推进落地情况

越南在浮动太阳能计划方面领先东盟地区，装机容量为 47MW，计划装机容量为 330MW，而其他东盟国家的计划不到 150MW，2019 年大多数东盟国家的浮动太阳能装机容量不到 1MW。最近，越南宣布将建设两座浮动太阳能电站，装机容量为 450MW，总投资为 78000 亿越南盾（约合 3.4 亿美元）。水力发电是越南可再生能源的主要来源之一，但漫长的旱季正在降低大坝的水库水位并限制其发电量。

12.4 储能技术发展概况

尽管太阳能容量增长迅速，但由于缺乏储能设备，越南目前无法充分利用。为了充分利用其不断增长的可再生能源容量并减少弃电，越南需要通过监管机制和持续投资来支持其储能基础设施的增长。美国政府在胡志明市授予越南 296 万美元的赠款，用于太阳能电站中电池储能的试点项目，但该项资金对于越南的储能项目发展显得杯水车薪。

12.5 电力市场概况

12.5.1 电力市场运营模式

12.5.1.1 市场构成

越南电力行业由很多机构组成，其中包括：发电公司，根据电力市场的计划发电；配电公司，具有配电系统，提供配电服务；零售厂家，供电给终端消费者。

（1）输电公司。在越南的电力市场，输电系统是由国家管理或者国家电力公司管理。输电系统运营机构保证电力输送的平等机制以及监管和提供附属的电力服务。

（2）电力交易中心是处理电力信息的中心，保证给予供应商和消费者一个公平竞争交易的环境。越南现有的电力工业体制是工业部管辖的越南电力集团，通过直接管辖的企业来完成全国的发送电任务，向下属 7 家地区配电公司批发电力的同时，作为企业集团的总公司统辖电力部门的各机构。

（3）电力独立系统运营机构，是电力交易与电力调度合二为一的机构，既负责越南的电力调度，同时也承担电力交易功能。

2005 年越南通过新修订的《电力法》，2007 年开始电力民营化改革，2010 年批准《第一阶段电力行业改革政策发展协会计划》。2012 年 11 月 8 日，总理批准越南发展智能电网的项目。2012 年 11 月 23 日，总理批准 2012—2015 年阶段越南电力集团民营化项目。越南电力民营化改革规划设计的进程主要分四个阶段。

第一阶段：允许私人资本和国际资本在独立发电企业的电力生产中投资。

第二阶段：对批发市场进行一部分自由化，当越南电力集团拥有在市场上的垄断地位时让独立发电商自由竞争，此阶段在 2010—2014 年进行。在此阶段，市场上有很多供应商，但只有唯一的买家。

第三阶段：通过打破越南电力集团在市场上的垄断地位来实现电力批发市场的全面自由化，允许大买家（大企业）直接向批发卖家购买。根据工商部的计划，此阶段会在 2014—2022 年实现。

第四阶段：实现电力零售市场自由化。此阶段让小买家向不同的零售供应商购买，此阶段会在 2022 年后实现。

目前越南的电力市场处于第一阶段，即供电独家代理模式，单一的买家代理。此模式是越南试图进行电力民营化改革过程的第一步。唯一买家的民营化模式允许私人投资者建立、拥有以及监管独立电力。各发电公司进行市场竞争卖电给唯一买家。在此过程中，唯一买家有独权向各发电公司进行电力购买，然后卖给消费者。此模式确保独立发电商的危机最小化，强化了电网公司的责任，同时也为发电领域吸收投资资本形成了更有利的动力。唯一买家的电力竞争市场需要将输送和发电职能分开。

越南电力市场的优点为：①给电力民营化过程提供一个稳定的市场，不会出现突然变化；②成功实施的概率比较高；③形成发电竞争环境；④有利于新电源吸收更多投资者；⑤不影响原有配电公司的生产经营活动；⑥模式比较简单，市场运营的规定不复杂；⑦市场运营的基础设施建设投资要求不高。

缺点为：①越南电力集团是发电单位的唯一买家；②只限于新电源发展的竞争，竞争程度不高。

12.5.1.2　结算机制

基于第一阶段的结算机制根据市场对电价的调整而最终形成结算。第一模式显然很安全，唯一独权买家接受政府对电价的调整，电价的形成基础是电力系统平均生产、保证电力系统的合理开发以及电力供给的信任度。在此阶段，电力生产投资者在降低电力生产成本上互相竞争，提高生产效率和稳定性，以获得利润最大化。在新的电力市场形成，电力买卖公司作为唯一的批发购电单位，国家负荷调度中心担任电力系统和电力市场的运营职能。

12.5.2　电力市场监管模式

12.5.2.1　监管制度

越南电力市场目前还处于垄断状态，由国有企业越南电力集团主导，由工业和贸易部实施监管职能，监管完全由国家机关制定与执行，而不是执行市场性的监管政策。

12.5.2.2　监管对象

越南电力市场的主要监管对象为越南电力集团及其下属的地区配电公司，并由工业和贸易部实行自上而下的监管，对国有发电配电公司的运营、项目建设、输配电进行监督与管理。

12.5.2.3　监管内容

国家工业和贸易部进行监督管理，其具体监管内容为：根据越南的法规，满足电力工业的技术要求；电站、电热网、用户用电、取热设备的运行情况和技术条件；符合电力和热力质量的技术要求；合理优化发电、输电和用电方式；参与检查电力公司的工作；定期检查电站、电热网、用户用电设备的技术状况；组织电力、热力生产、输配、购进转售、技术状况控制和电力机组安全运行；组织负责人进行技术运行知识和安全规程的资格考试；组织电力设施能源专家对电力、热能安全高效生产、输配和使用情况的评估；监督节能政策的实施情况；检查单位能源利用效率；编写关于改进越南电力工业立法的提案；组织拟订节能方案、规章和程序行为、法律和经济机制；向各组织的业主提出建议，对电力工业中发生事故、事件和其他严重违反管制法律规定的技术要求的人采取纪律行动，或者将材料转交国家有关部门，依照越南法律对违反越南国家电力行业法律的人提起行政诉讼或者刑事诉讼。

12.5.3　电力市场价格机制

1. 上网电价

目前越南电力集团与电力项目投资者商谈机组上网电价的基础是越南工业部 2007 年 6 月 13 日签发的 2014 号《关于电力项目经济分析、财务评价和电价临时指导意见的决议》，该决议详细规定了电力项目经济分析、财务评价的内容和方法以及财务内部收益率和上网电价水平限制。2014 号文是对越南工业部 2004 年 4 月 13 日签发的 709 号文的修订版本。

2. 销售电价

越南终端用户的销售电价受政府严格管制，在全国实行统一销售电价，其电价水平低于世界银行和越南电力集团建议的零售电价，同东南亚其他国家相比也属于较低水平。销售电价水平因用户种类、时段、电压等级不同而有所不同，城市和农村居民用电的平均电价通过工业、商业和外国消费者的高电价进行交叉补贴，尚未建立电力公共基金。下一步越南电价改革的方向主要是逐步减少交叉补贴、建立发电侧与销售侧的价格传递机制、建立电力公共基金。